Götz Ruprecht
Horst-Joachim Lüdecke

Kernenergie

Der Weg in die Zukunft

Webseite zum Buch: https://kernkraft-mit-zukunft.de/

1. Auflage

www.TvRMedienverlag.de
Endredaktion: Dr. Holger J. Thuss, Heiko Ziemer M.A.
Abbildungen: Verlagsarchiv Autoren

Druck und Bindung: UAB „Baltijos Kopija", Vilnius

Printed in Lithuania

ISBN 978-3-940431-65-3

Inhalt

1] Einleitung

Keine Methode der Stromerzeugung ist hierzulande so umstritten wie die Nutzung der Kernkraft. Die hierbei vorgebrachten Argumente könnten gegensätzlicher kaum sein. Befürworter betonen die technischen Vorzüge von Kernkraftwerken. Sie preisen die gegenüber allen anderen Verfahren wie Kohle, Gas und *erneuerbare Energien* günstigsten Erzeugungskosten von Strom. Ferner betonen sie die so wichtige Grundlastfähigkeit von Kernenergie im Gegensatz zur fluktuierenden Stromlieferung von Windrädern und Photovoltaik. Die in modernen Kernkraftwerken eingebaute Sicherheit wird dabei nicht vergessen. Trotz der inzwischen aufgetretenen Havarien von Tschernobyl und Fukushima sei die Nutzung der Kernenergie die sicherste Methode. Und schlussendlich erzeugten Kernkraftwerke kein CO_2, ein Naturgas, das bekanntlich von der Politik und einem Teil der Klimaforschung als klimaschädlich angesehen wird.

Die Gegenseite sieht das völlig anders. Kernkraftwerke seien eine grundsätzlich unbeherrschbare Technik. Ein Unfall in einem dicht besiedelten Land wie Deutschland würde zu unbezifferbaren Schäden führen. Infolgedessen seien Kernmeiler nicht versicherbar. Das Problem des radioaktiven Abfalls sei immer noch ungelöst. Der in Endlagern untergebrachte radioaktive Müll stelle unsere Nachkommen vor unlösbare Probleme und wäre eine immerwährende potentielle Gefahr. Der Bau neuer Kernkraftwerke werde immer teurer und die Gefahr der Proliferation radioaktiven Materials zum Bombenbau werde mit jedem neuen Kernkraftwerk größer.

Wer hat Recht? Die komplette Aufgabe der Kernenergienutzung, wie aktuell in Deutschland gesetzlich vorgeschrieben, ist keine Lösung. Bereits das Gefährdungsargument verschwindet nicht mit dem Ausstieg Deutschlands. Unsere unmittelbaren Nachbarländer wie Frankreich oder Tschechien nutzen die Kernkraft intensiv, und viele ihrer Anlagen befinden sich nahe unserer Landesgrenze. Ferner ist unübersehbar, dass zwischen den hoch entwickelten *alten* Industrienationen und ihren aufstrebenden Konkurrenten wie China, Indien oder Brasilien völlig unterschiedliche Sichtweisen zur Kernkraftnutzung bestehen. Diese Nationen nutzen pragmatisch alles, was ihrer industriellen Entwicklung weiterhilft. Sicherheit und Umweltkriterien werden dabei (noch) zweitrangig behandelt. Kernkraftwerke stellen für diese Länder eine ihrer wichtigsten Energie-Optionen dar. Dies lässt sich unschwer an Anzahl, Orten und Zeiten der vielen im Bau befindlichen und neu geplanten Anlagen ablesen.

Schließlich hat sich der Schwerpunkt von Neuentwicklungen inhärent sicherer Kernkraftwerke mit vernachlässigbarem Abfall in Richtung China, Indien und Russland verschoben, obwohl immer noch die USA und die EU mit dabei sind. Deutschland hat sich auch hier komplett zurückgezogen. Dies ist für eine führende Industrienation angesichts der Ziele dieser Neuentwicklungen zweifellos eine absurde Entscheidung. Daher stellt sich die Frage, ob sich die Haltung Deutschlands zur Kernenergie zukünftig als vorteilhaft oder umgekehrt als eine für unsere internationale Wettbewerbsfähigkeit schädliche Sackgasse erweist.

Weltweit sind derzeit 450 Kernreaktoren in Betrieb, fast ausnahmslos Druck- und Siedewasserreaktoren, mit einer Gesamtleistung von 420 Gigawatt (1 Gigawatt = 1.000 Megawatt).[1] Kernenergie ist damit für 11 Prozent der weltweiten Stromversorgung verantwortlich. Dies ist für einen *Neuankömmling* beachtlich, wenn man die seit einem Jahrhundert etablierte Stromversorgung aus Kohle- und Wasserkraft als Konkurrenz bedenkt. Verglichen jedoch mit dem Potential der Kernenergie könnte nach 60 Jahren kommerzieller Nutzung mehr erwartet werden. Dies liegt an der in Kapitel 2.4 erläuterten Effizienz heutiger Reaktortechnik, die zwar deutlich

---

[1] Vgl. Deutsches Atomforum (DAtF): Zahlen und Fakten. http://kernenergie.de/kernenergie/themen/strom/Zahlen-und-Fakten/01_index.php, 26.9.2018.

höher als bei allen anderen Stromerzeugungstechniken ist, in Anbetracht der hohen Investitionssummen und mit politischen Risikien verbundenen zusätzlichen Kosten aber nicht hoch genug, so dass am Ende Marktschwankungen ausschlaggebend werden. Dies hat in den 90er Jahren zum vollständigen Stillstand des Ausbaus der Kernenergie geführt. [2]

Der Stillstand ist nun seit etwa 15 Jahren beendet – man plant und baut wieder neue kommerzielle Kernkraftwerke (60 sind derzeit in Bau, 160 in Planung), praktisch allesamt Druck- und Siedewasserreaktoren der sogenannten Generation III/III+. Allerdings sind die Vorlaufzeiten so groß, dass diese Renaissance erst jetzt sichtbar wird. Dass die Welt die Kernkraft vermehrt nutzen wird, ist keine Frage. Die Haltung Deutschlands findet dabei keine Berücksichtigung. Der weltweite Ausbau an Kernkraftwerken basiert weitestgehend auf der alten Druck- und Siedewassertechnik, obwohl es schon seit Jahrzehnten ungleich bessere Techniken gibt. Deutschland hat noch in den 80er Jahren erheblich zur Weiterentwicklung dieser sogenannten Generation IV beigetragen, will dies aber nach seinem Ausstieg aktuell nicht mehr tun. Ein umfangreiches Wissen und Know-How geht hierzulande verloren.

Die Generation IV ist das zentrale Thema dieses Buches. In Kapitel 4 werden die Konzepte vorgestellt und verglichen. Ihre Besonderheit besteht in der passiven inhärenten Sicherheit und in dem Bestreben, den Brennstoffkreislauf zu schließen, d.h. möglichst wenig langlebige nukleare Abfälle zu hinterlassen. Sie nutzen die Ressourcen somit erheblich besser und laufen vor allem vereinzelt schon in Pilotanlagen, d.h. sie sind nach heutigem Stand der Technik umsetzbar, im Gegensatz z.B. zur Kernfusion, deren zivile technische Realisierung noch gänzlich ungewiss ist. Es wird sich zeigen, dass die Generation-IV-Konzepte mit flüssigem Brennstoff wie der Flüssig-

[2] Vgl. World Nuclear Association (WNA): Nuclear Power in the World Today, April 2018. www.world-nuclear.org/information-library/current-and-future-generation/nuclear-power-in-the-world-today.aspx

salzreaktor (MSR) oder der Dual-Fluid-Reaktor (DFR) ganz erhebliche Effizienzvorteile haben. Die Hauptargumente gegen Kernenergie, Unfallgefahr und Atommüll, sind bei der Generation IV schon vom Konzept her nicht mehr anwendbar.

Warum bestimmte Typen der Generation IV in einem bestimmten Land entwickelt werden, ist oft nur aus dem historischen Kontext zu verstehen. Daher wird dem Leser, aber auch dem interessierten Historiker in Kapitel 5 ein Überblick zur globalen Entwicklung der zivilen Kernenergienutzung geboten, wie er in der deutschsprachigen Literatur bisher kaum zu finden war.

Dieses Buch wird die neuen Konzepte und deren Vorteile aus wirtschaftlich-technischer Sicht im Vergleich mit den Problemen der heutigen veralteten Kerntechnik vorstellen. Dazu ist zunächst ein Blick auf die Effizienz heutiger Stromerzeugungstechniken notwendig, insbesondere auf die sogenannten *erneuerbaren Energien* im Vergleich mit den fossil-nuklearen. Außerdem wird die Wirkung radioaktiver Strahlung auf den menschlichen Körper ausführlich behandelt, wobei die Diskrepanz zwischen der Realität und den Tatsachenverdrehungen in den Medien sichtbar wird. Das Thema enthält ein großes, oft irrationales Angstpotential, dem nur eine sachlich einwandfreie und umfassende Aufklärung begegnen kann.

Für eine kritische Bewertung ist es vor allem wichtig, über korrekte Daten und Zahlen zu verfügen. Dies ist für den Laien nicht einfach, da gerade beim Thema Kernenergie viel Desinformation verbreitet wird, oft sogar gezielt. Ein stellvertretendes Beispiel dafür ist die Anzahl der Opfer in Folge der Tschernobyl-Katastrophe, für die Zahlen von bis zu Hunderttausenden verbreitet werden. Hier gilt das Prinzip der Wissenschaft: Begutachtete Fachpublikationen sind gegenüber Zeitungsmeldungen oder gar Webseiten zu bevorzugen. Forschungseinrichtungen ist mehr zu trauen als Aktivisten-Organisationen, auch wenn letztere für sich reklamieren, „Fachleute" unter ihren Mitarbeitern zu haben. Im beschriebenen Beispiel kommen die extrem hohen Opferzahlen tatsächlich von Greenpeace-Studien, in denen auf keine einzige begutachtete Fachpublikation zurückgegriffen wird. Das genaue Gegenteil stellt in dieser Hinsicht das Wissenschaftskomitee für die Wirkung radioaktiver Strahlung der Vereinten Nationen UNSCEAR dar, wo alles zur gesundheitlichen Wirkung im Umfeld von Radioaktivität auf der Grundlage begutachteter Fachpublikationen dokumentiert ist, einschließlich minutiöser Aufzählungen der von Kernkraftwerkshavarien verursachten Personenschäden.[3] Dort wird dokumentiert, dass die einzige beobachtbare Auswirkung auf die Bevölkerung ein zeitweiser Anstieg von Schilddrüsenkrebserkrankungen bei Kindern und Jugendlichen war, denen man entgegen aller Vernunft in den Wochen nach dem Unfall noch radioaktiv kontaminierte Milch gab.[4] Nur 15 allerdings verstarben daran (Stand 2005), 50 könnten es noch werden.[5]

Wie die genannten Opferzahlen, so stützen sich alle wichtigen Aussagen dieses Buches ausschließlich auf begutachtete Fachpublikationen. Diese ergeben ein völlig anderes Bild der Kernenergie aber auch der Energiewende als das, was bis heute dem Bürger von der deutschen Presse und der Politik vermittelt wird. Die Frage nach der Nutzung und Weiterentwicklung von Kernkraftwerken auf der einen oder ihrer völligen Aufgabe auf der anderen Seite ist angesichts ihres potentiellen Nutzens oder Schadens zu wichtig, um sie irrationalen Ängsten oder ideologischem Glauben zu überlassen.

---

[3] Vgl. United Nations Scientific Committee on the Effects of Atomic Radiation (UNSCEAR). http://unscear.org

[4] Vgl. Annex D zum UNSCEAR-Tschernobyl-Report: Sources and effects of ionizing radiation, United Nations Scientific Committee on the Effects of Atomic Radiation (UNSCEAR), Volume II, 2008. ttp://www.unscear.org/docs/reports/2008/11-80076_Report_2008_Annex_D.pdf

[5] Vgl. R. Michael Tuttle et al., Clinical Presentation and Clinical Outcomes in Chernobyl-related Paediatric Thyroid Cancers: What Do We Know Now? What Can We Expect in the Future? Clinical Oncology 23 (2011) 268. https://dx.doi.org/10.1016/j.clon.2011.01.178

2] Energieeffizienz für Kosten und Umwelt

Effizienz bedeutet, mit Ressourcen sparsam umzugehen, um die Wirtschaftlichkeit zu steigern. Statt Leute einzeln Wassereimer tragen zu lassen, bildet man besser eine Kette. Das Transportergebnis ist das gleiche, aber man spart sich das Zurücklaufen. Die Ressource ist in diesem Beispiel die menschliche Arbeitskraft. Mit der Anzahl von Eimern pro Zeit (Eimerrate) kann man dann die Effizienz dieser Ressource als Eimerrate pro Person angeben. Effizienzsteigerungen beruhen auf technischen Innovationen im weitesten Sinne. Sie können in der Praxis oft schon mit einfachen Maßnahmen durch Nachdenken erreicht werden. Motivation ist so gut wie immer Geld- und Arbeitsersparnis. Hohe Effizienz heißt Minimierung des Ressourcenverbrauchs und ist daher automatisch auch Schonung der Umwelt.

Hier geht es um Energie, genauer um elektrische Energie. Ressourcen sind in diesem Fall Kohle, Gas, Uran, strömendes Wasser, Wind und Sonne. Wäre dann nicht Strom aus Windrädern, Photovoltaik oder Wasser von höchster Effizienz, da Wind, Sonne und Wasser nichts kosten? Leider nein, denn allein zum Bau eines Windrads, das vergleichsweise nur einen winzigen Bruchteil der elektrischen Energie eines Kohlekraftwerks liefert, sind gewaltige Mengen Stahl und Beton erforderlich. Ein Windrad verbraucht, gemessen an seiner erzeugten Strommenge, viel Landschaftsplatz. Und wegen seiner fluktuierenden Stromlieferung sind auch noch Ersatzkraftwerke aus Gas nötig, die einspringen, wenn der Wind nicht weht.

Worauf ist eigentlich der riesige Ressourcen-, Energie- und Landschaftsverbrauch von Windrädern und Energiepflanzen zur Stromerzeugung zurückzuführen, der gleichzeitig mit extremen Umweltschäden einhergeht? Die Antwort ist einfach: In Wind, Energiepflanzen und ankommender Sonnenstrahlung ist zu wenig nutzbare Energie enthalten. Die Energie ist zu „dünn", oder technisch ausgedrückt, ihre von der Natur vorgegebene Leistungsdichte ist zu klein. Wenn man „dünne" Energie einsammeln will, benötigt man riesige, mit Technik zugebaute Flächen, die man der Natur entzieht und in naturschädigende Industrielandschaften verwandelt. Über 27.000 überdimensionale Windturbinen der deutschen Energiewende im Jahr 2017, die dennoch aktuell nur grob zwei Prozent der verbrauchten Primärenergie erzeugen, belegen augenfällig diesen naturschädlichen und kostenträchtigen Fundamentalmangel aller *Erneuerbaren*. Darüber hinaus ist die Wetterabhängigkeit von Wind- und Sonnenstrom mit einer stetigen Stromversorgung unvereinbar.

Man kann sich dies sogar veranschaulichen. So ist es noch möglich, sich gegen einen Sturm zu stemmen, denn seine Strömungsenergie ist „dünn". In einen Wildfluss zu geraten, endet dagegen oft tödlich. Wasser, welches zur Gewinnung von Strom aus Stauwerkturbinen genutzt wird, ist nämlich tausendmal schwerer als Luft. Ein zu langes Sonnenbad auf der Schwimmbadwiese erzeugt hierzulande vielleicht einen Sonnenbrand. Die in die Haut eindringende „dünne" Sonnenenergie ist aber nicht mit der Energie zu vergleichen, die in die Haut eindringt, wenn man seine Hand in glühenden Kohleofen hält. Wer noch ein weiteres Anschauungsbeispiel benötigt: Eine lohnende Fischernte erhält man nur bei hoher *Fischdichte*. Es reicht dann ein kleines Netz, und der Aufwand der Fischgewinnung ist klein. Ist die Fischdichte dagegen klein, muss man riesige Schleppnetze auswerfen und durchs Meer ziehen, in denen sich dennoch nur wenige Fische verfangen. Dies ist ein teures Verfahren. Ein Windrad fischt Energie aus Wind und braucht dazu ein riesiges Propellernetz. Mit Strom oder Sprit aus Energiemais verhält es sich ebenso: Kilometerweite Maisfelder erbringen zu wenig Energieernte. Der geschilderte Zusammenhang ist naturgesetzlich: Technischer

Fortschritt und abnehmende Umweltschädigung ist mit der Verwendung von Methoden immer höherer Energiedichten, d.h. immer „dickerer“ Energie im buchstäblichen Sinne identisch! Wir gehen in den Abschnitten 2.2 bis 2.4 noch einmal näher auf diese Gesetzmäßigkeit ein. Die höchsten Umweltschäden erzeugen nicht die hochentwickelten Nationen, sondern die Länder der dritten Welt, weil sie leider technisch und wirtschaftlich noch nicht in der Lage sind, Methoden höchster Energiedichte einzusetzen.

Die wohl beste Methode der Effizienzangabe einer bestimmten Stromerzeugungsmethode besteht darin, die erzeugte elektrische Energie den mit ihrer Erzeugung verbundenen Gesamtkosten und ihrer Umweltbelastung gegenüber zu stellen. Die letztere ist in der Regel leider nur sehr schwer in Kosten quantifizierbar. Nicht verwechseln darf man dagegen Effizienzsteigerung mit Sparsamkeit. Diese hat in der Regel mit Enthaltung oder Verzicht zu tun und mindert die Lebensqualität. Nur selten ist die Einschränkung des Komforts so gering, dass man von Effizienzsteigerung reden kann. Den Wasserhahn zuzudrehen ist kein großer Aufwand. Mit dem Bus statt mit dem Auto zu fahren kann aber schon mit erheblichem Problemen und Unbequemlichkeiten verbunden sein. Bei Energie, insbesondere bei der Elektrizitätserzeugung, lautet die Frage nun: Welche Effizienzsteigerungen sind bei der Erzeugung von elektrischem Strom möglich? Elektrischer Strom wird nicht nur in modernen Industrienationen immer wichtiger. Die Auseinandersetzungen für oder gegen Kernkraftwerke, Windräder oder Photovoltaik berühren gegenwärtig nur unsere Stromerzeugung. Dies wird sich in weiterer Zukunft langsam aber sicher auch auf die Energienutzung erstrecken, die bisher ohne den Umweg über die Elektrizität erfolgte.

Selbst eine moderne Industrienation wie Deutschland bezieht heute rund 85 Prozent seiner Primärenergie aus den fossilen Brennstoffen Kohle, Öl und Gas. Es ist einfach zu teuer, den relativ aufwendig erzeugten, wertvollen Strom einfach für Heizungszwecke zu verschleudern. Man kann nämlich aus Verbrennung nur unter naturgesetzlichen Verlusten Strom erzeugen, wohingegen die Erzeugung von Wärme immer „verlustfrei" möglich ist. Elektrische Energie gehört daher zu den „wertvollsten" Energieformen. Die fossilen Brennstoffe werden aber irgendwann einmal zu teuer werden, wenn sie entweder zur Neige gehen oder ihre Exploration zu aufwendig wird. Was dann übrig bleibt, um eine hochentwickelte Industrienation am Laufen zu halten, wird heute kontrovers diskutiert. Vertreter der sogenannten *Erneuerbaren* setzen auf Wind- und Sonnenstrom, die Mehrzahl der Energiefachleute dagegen auf eine weiterentwickelte Kernenergie. Wir werden im Buch die sachlichen Gründe für die richtige Antwort angeben.

2.1 Auf die Gesamtbilanz kommt es an

Wie kann man mit der gleichen Energie mehr erreichen? Bei dieser Frage stellen sich die meisten von uns Elektrogeräte vor, die bei gleichem Strom mehr leisten, wie zum Beispiel einen Staubsauger, der mehr Staub saugt. Tatsächlich gibt es seit September 2014 eine EU-Verordnung zur Effizienz von Staubsaugern, wofür man eigens „Teppich-Reinigungsklassen" eingeführt hat.[6] Für vier Prozent weniger Staubaufnahme pro Reinigung sinkt die Effizienzklasse um einen Punkt. Natürlich denkt man auch an Wärmedämmung: Wie kann die gleiche Raumtemperatur mit weniger Heizleistung erreicht werden? Bei der Wärmedämmung zeigt sich aber bereits ein grundlegender Denkfehler. Natürlich muss die *gesamte* Effizienz betrachtet werden, und das beinhaltet hier auch die Energieeffizienz in der Herstellung der Dämm-Materialien. Diese Energiekosten sind gut versteckt, denn man sieht es den Dämmstoffen nicht an, wie aufwendig sie in der Herstellung waren. Man merkt es aber am Preis, weshalb sich Wärmedämmung erst über viele Jahre rentiert. Wenn sich aber die Dämmung aufgrund von Witterung bereits vorher auflöst, hat man

[6] EU-Verordnung 666/2013.

nicht nur ein schlechtes Geschäft gemacht, sondern auch der Umwelt geschadet.

Allgemein sollte der gesamte Lebenszyklus eines Produktes in Betracht gezogen werden, nicht nur der letzte Schritt seiner Verwendung. Was nützt ein scheinbar effizienterer Staubsauger, wenn seine Verbesserung so teuer ist, dass er diesen Mehraufwand nie wieder einspielen kann? Der Verbraucher kennt den wahren Energieaufwand in der Regel nicht, aber der von ihm gezahlte Mehrpreis ist ein Aufwand, der grundsätzlich zu den Ressourcenkosten gehört. Solange nicht der gesamte Herstellungsprozess eines Produkts von der „Wiege bis zur Bahre“ betrachtet wurde, sind daher irgendwelche „Effizienzklassen“ nur Augenwischerei.

2.2 Was sparsame Kaufleute und englische Bogenschützen miteinander zu tun haben

Das Streben nach Energieeffizienz ist kaufmännisch. Ein guter Kaufmann sucht unerlässlich Wege, seinen Gewinn zu vergrößern. Zu diesem Zweck maximiert er im Rahmen des wirtschaftlich Machbaren die Verkaufspreise seiner Handelsware. Ferner sucht er seinen Aufwand sowie seine Einkaufspreise zu minimieren. Ein bekannter Kaufmannsspruch sagt, dass der Gewinn im Einkauf liegt. Energiekosten gehören zum Einkauf, denn Energie ist für die gütererzeugende Wirtschaft ein unverzichtbares, aber kostenbelastendes Mittel. Energie besitzt in Wirtschaft und Privathaushalten keinen Wert an sich, wie etwa Nahrungsmittel oder Fahrzeuge. Energie ist aber unabdingbar, um den „Betrieb am Laufen zu halten“. Einzige Ausnahmen davon sind Versorgungsunternehmen für Elektrizität, sie leben vom Verkauf von Energie.

Heute besteht aber oft die Meinung, Energieeffizienz habe einen ethischen Wert. Dies wird daraus hergeleitet, dass thermische, mechanische und elektrische Energie weit überwiegend aus den fossilen Brennstoffen Kohle, Erdöl und Gas gewonnen wird (*erneuerbare*

Energien aus Wind und Sonne sind weltweit dagegen vernachlässigbar). Die Ressourcen an fossilen Brennstoffen sind zwar riesig, aber endlich. Daher müsse man mit ihnen prinzipiell sparsam umgehen, um sie für spätere Generationen zu erhalten. Auf das „prinzipiell" kommt es hier an. Natürlich erfordert das kaufmännische Prinzip äußerste Energiesparsamkeit. Dem widerspricht niemand. Es geht uns aber nun um eine ethisch begründete, prinzipielle Energiesparsamkeit.

Geäußert wurden ähnliche Auffassungen bereits von dem britischen Ökonomen Thomas Robert Malthus (1766-1834), der eine Katastrophe auf Grund des zu starken globalen Bevölkerungswachstums und der dadurch bedingten Verknappung an Nahrungsmitteln vorhersagte. Der Club of Rome („Die Grenzen des Wachstums") erweiterte die Vorhersage von Malthus auf eine mögliche allgemeine Ressourcenknappheit, wobei unterschiedliche Szenarien durchgespielt wurden. Zweifellos waren alle diese Betrachtungen vernünftig und sachlich gerechtfertigt. Dennoch wurde sowohl von Malthus als auch vom Club of Rome ein grundlegender Fehler gemacht, der dann von der jüngsten Bewegung der *erneuerbaren Energien* wiederholt wurde. Er bestand darin, einen entscheidenden Faktor schlicht übersehen zu haben. Dieser kann anschaulich an einer Begebenheit des 15. Jahrhunderts in Nordfrankreich erläutert werden. Es handelte sich um die Schlacht bei Azincourt am 25. Oktober 1415, in der das französische Ritterheer von einer zahlenmäßig kleineren englischen Armee fast vollständig vernichtet wurde.

Entscheidend für die französische Niederlage waren englische Langbogen, deren Pfeile Ritterrüstungen durchschlagen konnten. Sie wurden aus sehr langsam wachsenden Eibenholz gefertigt. Die kriegsentscheidende Ressource „Eibenholz" war den Engländern verständlicherweise so wichtig, dass auf Eibenholzfrevel schwerste Strafen standen. All diese Maßnahmen der Ressourcenschonung waren jedoch nutzlos. Als das langsam herangewachsene Eibenholz endlich für die Herstellung neuer Langbogen zur Verfügung stand, waren bereits die effizienteren Feuerwaffen einsatzbereit. Die Ressource Eibenholz war obsolet geworden. Dieser „Azincourt-Effekt" traf bis heute zuverlässig bei jedem drohenden Auslaufen einer Ressource ein. Die wirkliche Ressource ist nur der menschliche Erfindungsgeist, nicht eine bestimmte Menge von Kohle, Erz oder irgendeines Minerals. Bei nüchterner Beurteilung bleibt daher bei der „Ressourcenschonung" nur wieder die kaufmännische Klugheit übrig. Würde der menschliche Erfindungsgeist tatsächlich irgendwann einmal endgültig versagen, wäre dies das Ende der Menschheit in ihrer heutigen technisch-zivilisierten Form. Ressourceneinsparung würde dieses Ende dann nur um ein kurzes, qualvolles Zeitstück verlängern.

Es ist überflüssig, fossile Ressourcen durch Energieeffizienz von elektrischen Gebrauchsgegenständen oder Maßnahmen der Gebäudeisolation mit gesetzlichen Vorschriften schützen zu wollen. Der freie Markt erledigt diese Aufgabe am effizientesten von selbst, und zwar über den Preis der Ressource und damit über den Energiepreis. Wird Energie auf dem freien Markt zu teuer, wird die Menschheit neue Wege finden, um den Nachteil durch neue Verfahren oder neue Ressourcen zu beseitigen. Staatliche Eingriffe dagegen basieren auf unbegründetem Pessimismus und Angst vor der Zukunft. Sie sind Planwirtschaft, die sich noch nie als sinnvoll erwiesen hat, schränken die Freiheit der Bürger ein und nützen der Energieeffizienz nicht.

Die „Rettung der Welt" war immer nur ein Vorwand zur „Beherrschung der Welt". Auch bei Kohle, Erdöl und Gas wird das reale Versiegen schon sehr lange vorher wegen zu hoher Preise beendet sein. Es werden neue Ressourcen und neue Verfahren die fossilen Brennstoffe ersetzen und die Energieeffizienz ein weiteres Mal steigern. Diese neuen Ressourcen sind bereits bekannt. Es werden Uran und Thorium sein, Brennstoffe, die der Menschheit über unüberschaubare Zeiten von vielen Millionen Jahre erhalten bleiben. Dies klingt zunächst nach „Science Fiction“ ist aber nüchterne Realität, wie in Kapitel 3.4 belegt werden wird. Das kommende Verfahren wird in der Einführung der bereits laufenden oder im Pilotstadium betriebenen Brutreaktoren der Generation IV in sehr großem Maßstab bestehen. Im Kapitel 4 wird dieses Thema ausführlicher behandelt.

2.3 Ohne die Kenntnis von Grundbegriffen läuft nichts

Bei öffentlichen Aussagen von Medien und Politik über Energieeffizienz und Umweltverträglichkeit *erneuerbarer Energien* findet man heute oft extreme Übertreibungen, Auslassungen und Beschönigungen, während sich bei Kernkraftwerken Übertreibungen nur auf Probleme und Gefahren beziehen, wofür kein Schreckgespenst groß genug sein kann. Das war und ist nur möglich, weil die Kenntnis der wahren Zusammenhänge ohne rudimentäres Grundwissen über die zugehörigen technischen und naturwissenschaftlichen Grundlagen schlicht unmöglich ist. Damit haben es dann politisches Wunschdenken und ideologische Bauernfänger leicht. Anschaulich hatten wir bereits von „dicker“ oder „dünner“ Energie gesprochen. Um sich den Fakten über Energieeffizienz und Umwelt zu nähern, kommt man aber um die exakten Begriffe *Energiedichte* von Kohle, Öl, Gas, Uran, Energiemais und *Leistungsdichte* von Sonne und Wind nicht herum.

Zuallererst aber muss man die Einheiten von Energie und Leistung kennen, zumindest um die Stromrechnung der Stadtwerke zu verstehen. Leistung ist Energie pro Zeit, sie wird im Zusammenhang mit Strom als W, das Watt, angegeben. Gebräuchlich ist das Tausendfache davon, also kW, das Kilowatt. Multipliziert man Leistung (Energie pro Zeit) mit der Zeit, erhält man die Energie, die die Stadtwerke abrechnen. Gebräuchlich ist hier kWh, also Kilowatt mal Stunde, kurz die Kilowattstunde.

Energiedichte ist nun die mit einem Brennstoff zu gewinnende Wärmeenergie pro dessen Gewicht. Stellvertretende Werte in kWh/kg (Kilowattstunden pro Kilogramm) sind für Benzin 12, für Steinkohle 8,3, für Lithium-Ionen-Akkus 0,15 und für Blei-Akkus 0,03.[7] Der Kernbrennstoff Uran spielt hier in einer ganz anderen Liga.

Sein nutzbarer Energiegehalt beträgt sagenhafte 25 Millionen (!) kWh/kg. Man erkennt daraus den Vorteil von Kernbrennstoff, den Nachteil von Akkus und wundert sich nun nicht mehr, warum sich Elektroautos selbst mit staatlichen Subventionen kaum durchsetzen. Ein Vergleich von Sonnenstrahlung und mechanischer Windenergie mit den fossilen Energieträgern Kohle, Gas oder mit Uran ist mit der „Energiedichte“ allerdings nicht möglich. Man muss hier zur „Leistungsdichte“ als Leistung pro Fläche greifen. Beim Wind ist es die mechanische Windleistung pro Rotorfläche, bei der Sonne ihre auf das Solarpanel einfallende Strahlungsleistung pro Panelenfläche und bei Kohlekraftwerken der Energiefluss pro Fläche der Begrenzungswand des Heizkessels. Diese Werte sind nur für Fachleute interessant, ausgenommen vielleicht der Wert für das Solardach von maximal 15 W/m² im bundesdeutschen Jahresmittel.[8] Man verlasse sich aber nicht zu sehr auf diesen Wert. Realistischer ist es, sich von einem befreundeten Nachbarn mit Solardach einmal seine Solarstromernte auf der Jahresabrechnung zeigen zu lassen.

Wesentlich aussagekräftiger ist die Leistungsdichte bezogen auf die benötigte Bodenfläche des betreffenden Verfahrens. Windräder im Binnenland sind hier mindestens zehnmal ungünstiger als die ohnehin schon schwache Photovoltaik. Sie werden aus Kostengründen meist in sogenannten „Windparks“ mit vielen Einzelanlagen aufgestellt. Dabei verbrauchen sie Platz, weil sie Mindestabstände untereinander einhalten müssen, um ungünstige strömungstechnische Beeinflussungen zu vermeiden. Eine begutachtete Studie hat

---

[7] Vgl. Chemie-Lexikon: www.chemie.de/lexikon/Energiedichte.html, 26.9.2018.

[8] Vgl. RP-Energie-Lexikon, Photovoltaik, www.energie-lexikon.info/photovoltaik.html, 26.9.2018.

den Wert von 1,1 W/m² (m² Bodenfläche!) jahresgemittelter Windstromernte als elektrische Energie im Binnenland der USA ermittelt.[9] Der Wert gilt grob auch für Deutschland, was mit einer Abschätzung leicht überprüft werden kann: 1,1 W/m² bei aktuell 27.000 deutschen Windrädern, einem Landschaftsverbrauch jedes Windrads von etwa 0,3 km² ergeben in 8760 Jahresstunden 78 TWh Windenergie im Jahr. Die real erzeugte elektrische Energie der 27.000 Anlagen beträgt dagegen 80 TWh. Bei zu geringer Leistungsdichte leidet, wie schon erwähnt, nicht nur die Wirtschaftlichkeit. Es leidet insbesondere die Umwelt! Um bei der geringen Leistungsdichte von Wind genügend Energie „einzusammeln“ muss man, bildlich gesprochen, ein riesiges „Netz“ aufspannen. Das sind gewaltige Propeller, die einen extrem hohen Materialverbrauch der Gesamtanlage und massive Umweltschäden verursachen. So wiegt die *Enercon E-126* inklusive Stahlbetonfundament etwa 7.000 Tonnen. Das entspricht dem Gewicht von 100 Leopard-II-Panzern der deutschen Bundeswehr. Ihre Nennleistung ist dagegen nur 7,6 MW und die reale Leistung noch kleiner, rund 1,3 MW, denn Windräder bringen im bundesdeutschen Mittel nur 17 Prozent ihrer Nennleistung. Hält man den Motor der BMW M3 Limousine von rund 300 kW dagegen, so kann der Windgigant durch lediglich vier dieser Motoren mit gerade mal einer Tonne Gesamtgewicht ersetzt werden.

Doch wie verhält es sich mit dem Treibstoff? Hier wird es komplizierter. Was für die Windmühle der Wind, ist für die Motoren das Benzin. Den Wind gibt zwar es frei Haus, während man für die Motoren weitere Tausende Tonnen Benzin pro Jahr anliefern müsste. Dafür wird der Motorenstrom aber absolut bedarfsgerecht produziert, während man für den Windstrom erst noch Stromspeicher installieren müsste. Je länger die zu überbrückende Flaute, desto größer muss auch der Stromspeicher dimensioniert sein. Da es aber

---

[9] Vgl. Miller et al., Two methods for estimating limits to large scale wind power generation, Proceedings of the National Acadamy of Sciences, USA 112 (36), 11169, 8.9.2015. https://dx.doi.org/10.1073/pnas.1408251112

keine Obergrenze für Flauten gibt, kann man selbst mit gigantischen Stromspeichern nie vor Stromausfall sicher sein (s. Kap. 2.5). Daran erkennt man bereits ohne großes Rechnen, dass Strom aus Wind nicht wirtschaftlich sein kann. Hinzu kommt: Landschaftsverschandelung, Zerstörung von Waldflächen, Infraschallschädigung von Anrainern und das Töten von Greifvögeln und Fledermäusen durch Windräder lassen inzwischen über 1000 Bürgerinitiativen gegen Windräder auf die Straße gehen und belegen die Umweltschädigung dieser Anlagen.

Ein weiteres Beispiel liefern Elektroautos mit ihrer zu geringen Energiedichte der Akkus. Elektroautos mit einer vernünftigen Reichweite wie Benzinautos hätten ein viel zu hohes Gewicht (dagegen sind Elektrofahrräder infolge ihrer pedalierenden Mithilfe sinnvoll und setzen sich ohne Subventionen immer mehr durch). Batteriegewicht ist zwar nicht direkt umweltschädlich, indirekt aber doch über das Herstellungs- und Entsorgungsproblem der lithiumverschlingenden hochgiftigen Akkus von Millionen Tonnen, falls der Wunsch der Bundesregierung nach einer Million Elektroautos in Erfüllung ginge. Es gilt ganz allgemein die naturgesetzliche Regel: je kleiner die Energiedichte oder die Leistungsdichte einer Methode, umso größer ist ihr Energieaufwand beim Bau, ihr Materialaufwand und ihre Umweltschädigung. Bei der Kernenergie liegt der Idealzustand höchster Energiedichte bzw. Leistungsdichte aller bekannten Verfahren vor. Daher ist Kernenergie auch die mit weitem Abstand umweltschonendste Methode der Stromerzeugung. Das mag hierzulande und aktuell „politisch inkorrekt“ klingen, wird in diesem Buch aber immer wieder belegt werden, auch unter Berücksichtigung der Rohstoffe und des nuklearen „Abfalls“ (s. Kap. 3.2).

2.4 Was bieten die heutigen Stromerzeugungsmethoden?

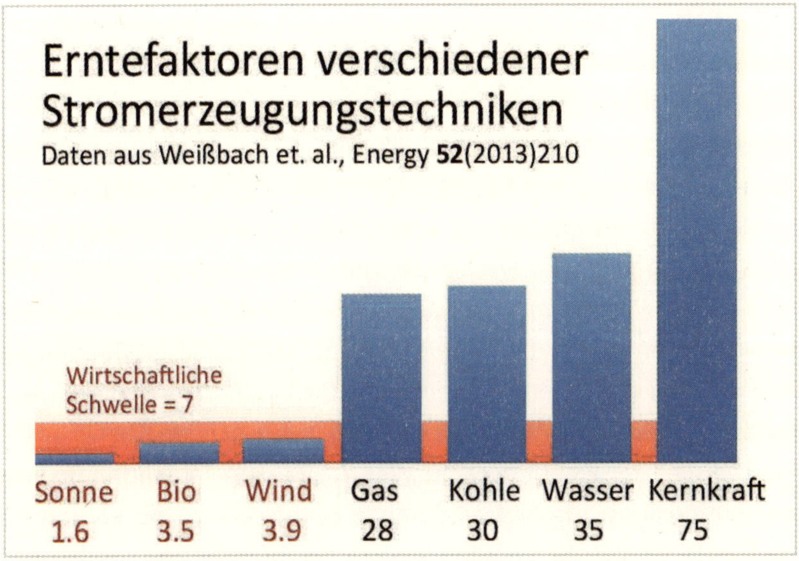

Abb. 2.1: Erntefaktoren (EROIs) der untersuchten Stromtechniken mit ökonomischer Schwelle, inklusive Speicherung, falls anwendbar. Sonne = Photovoltaik in Süddeutschland (1.000 Jahresvolllaststunden), Wind = E-66 in Nord-Schleswig-Holstein (2.000 Jahresvolllaststunden), Bio = Biomasse mit 55 Tonnen Mais (nass) pro Hektar und Jahr. Kernenergie 83 Prozent Zentrifuge, Rest Diffusion, 8.000 Jahresvolllaststunden. [10]

Nicht nur Staubsaugern und Glühlampen kann man nun eine Energieeffizienz zuordnen, sondern jedem Produkt, das in unserem Wirtschaftskreislauf auftaucht, sogar jeder Dienstleistung. Man muss dafür nur ein Maß für den jeweiligen Nutzen des Produkts finden und diesen in Relation setzen zum benötigten Energieaufwand für dessen Herstellung, der sogenannten *grauen Energie*. Bei einem Staubsauger wäre ein Maß für den Nutzen die Teppichsaugleistung, bei

[10] Vgl. Daniel Weißbach et al.: Energy intensities, EROIs (energy returned on invested), and energy payback times of electricity generating power plants, Energy, 52 (2013) 210, 1.4.2013. http://dx.doi.org/10.1016/j.energy.2013.01.029

einem Leuchtmittel die Leuchtstärke, bei dem Produkt „Strom" die Kilowattstunde. Das letzte Produkt ist besonders wichtig für die Wirtschaft, da von der Stromerzeugung fast alle anderen Produkte und Dienstleistungen abhängen. Daher liegt es nahe, einmal nach dessen Effizienz selbst zu fragen, denn auch Strom benötigt graue Energie, je nach Herstellungstechnik. Nur so kann man verschiedene Techniken der Stromerzeugung wirklich miteinander vergleichen.

Nachhaltigkeit beeinhaltet eben nicht nur den *Verbrauch*, sondern insbesondere die *Produktion* von Strom. Statt zu fragen, wie man auf der Verbraucherseite den Strom effizient nutzen kann, sollte man lieber fragen, durch welche Techniken der Strom überhaupt erst effizient produziert werden kann. Da sich Änderungen auf der Produktionsseite sofort auf alle Verbraucher gleichermaßen auswirken, ist dies der viel sinnvollere Weg zur Ressourcenschonung. Auf der Produktionsseite gibt es nämlich Unterschiede, die so enorm sind, dass sie jegliche Bemühungen auf Verbraucherseite lächerlich erscheinen lassen. Die Effizienz des Produkts „Strom" wird hier durch den sogenannten *Erntefaktor* eines Kraftwerks ausgedrückt, der genau das beschreibt, was vorher erläutert wurde: Er ist das Verhältnis der gesamten während der Lebenszeit des Kraftwerks produzierten Strommenge zur grauen Energie, die für die Bereitstellung aufgewendet werden musste. Die Zahl hat keine Einheit, da das Produkt „Strom" in der gleichen Einheit wie graue Energie gemessen wird (beides sind Energien), die Einheit sich im Verhältnis also wegkürzt. Der Erntefaktor stellt somit einen „Energiemultiplikator" dar: Man „investiert" eine Kilowattstunde und erhält ein Vielfaches davon zurück, wenn das Kraftwerk läuft. Hoffentlich, denn für einen Erntefaktor kleiner als Eins würde man *weniger* zurückerhalten – ein offensichtlich nutzloses Geschäft. Eingeschlossen in die graue Energie sind etwa Bau, Wartung und Abriss des Kraftwerks, aber auch laufende Kosten wie die Bereitstellung des Brennstoffs, falls nötig, wie z.B. Kohlebergbau. Wind-, Wasser- und Solarkraftwerke nutzen hier natürliche Energieströme, was aber keineswegs bedeutet, dass sie „kostenlos“ sind, denn es fällt nur der Posten für den Brennstoff weg, alle anderen Aufwendungen bleiben.

Die so oft gelobte *ganzheitliche* Betrachtung kommt hier also voll zur Anwendung, indem der tatsächliche Aufwand mit allen versteckten energetischen Kosten ermittelt wird. Natürlich ist es aufwendig, die graue Energie der gesamten Produktionskette jeder Kraftwerkstechnik zu ermitteln. Aber dies wird in zahlreichen wissenschaftlichen Publikationen und Datenbanken bereits durchgeführt. Vor wenigen Jahren erschien dazu eine begutachtete Meta-Studie, an der auch einer der Autoren dieses Buches beteiligt war, in der all diese Ergebnisse nach einer einheitlichen Methode verglichen wurden. Abbildung 2.1 zeigt das Ergebnis für die Erntefaktoren verschiedener Stromerzeugungstechniken. Die Zahlen sprechen für sich. Die viel gepriesene Solarenergie rangiert zusammen mit Biomasse und Windkraft auf den untersten Plätzen. Dies bedeutet nicht nur hohe Kosten, sondern auch eine hohe Umweltbelastung.

Nicht unmittelbar sichtbare Kosten verursachen zum Beispiel die aufwendige Herstellung der lichtempfindlichen Halbleiter und die starken Neodymmagnete in Windrädern. Auch die kurze Lebensdauer von Wind- und Solaranlagen, die zwangsläufig der Witterung ausgesetzt sind, aber vor allem die geringen Leistungsdichten von Wind und Sonne, sind für die extrem kleinen Erntefaktorwerte verantwortlich. In den Medien wird oft eine einzelne Windkraftanlage neben einem Kohle- oder Kernkraftwerk gezeigt, was suggerieren soll, dass beide die gleiche Menge Strom produzieren. Tatsächlich bräuchte man aber mehrere Tausend Windkraftanlagen, aber auch die reichen bei Windflaute nicht. Auf Youtube findet man eine eindrucksvolle Animation der Verhältnisse.[11]

[11] Vgl. Youtube: Wind Turbines or Nuclear Power? Eine 3D-Animation von Gabrielle Hollis. www.youtube.com/watch?v=zc7rRPrA7rg, 26.9.2018.

Konkurrenzfähig von den *Erneuerbaren* ist hier eigentlich nur die Wasserkraft, die aber auch mit großen Eingriffen in die Umwelt wie dem Bau von Staudämmen und der Umleitung ganzer Flussläufe verbunden ist. Aufgrund der Topologie in Europa ist die Wasserkraft auch nicht mehr weiter ausbaufähig – sie ist erschöpft. Die großen Naturzerstörungen durch den Neubau von Wasserkraftwerken finden heute in Ländern wie China und Brasilien statt – aus rein wirtschaftlichen Gründen. In solchen Ländern spielt der Begriff *Erneuerbare* keine Rolle. Daher wird hier gern ein Tauschgeschäft mit Stromversorgern aus Ländern abgeschlossen, in denen dieser „Ökostrom" zwar hoch im Kurs steht, die ihren Strom aber nur durch Kohleverbrennung produzieren können: Gegen eine geringe Gebühr wird der brasilianische Wasserstrom mit dem dortigen Kohlestrom getauscht. Es muss dabei nicht mal eine physische Verbindung zwischen den Netzen bestehen, da das Produkt „Strom" identisch ist, der Tausch wird lediglich auf der Basis sogenannter RECS-Zertifikate durchgeführt, also durch reine Umetikettierung.[12] Im Gegenzug darf der brasilianische Wasserstromhersteller zwar sein eigenes Produkt jetzt nicht mehr Wasserstrom, sondern bestenfalls noch Kohlestrom nennen, jedoch dürfte das dort niemanden wirklich interessieren. So erklärt es sich, dass seit einigen Jahren fast alle deutschen Stromversorger „100 Prozent Ökostrom" anbieten – eine Mogelpackung, die nur deshalb funktioniert, weil andere Länder auf die gleiche Menge an Ökostrom gegen Gebühr verzichten.

Kohle und Gas sind der klassische Standard für die Stromerzeugung in Industrienationen. Kernenergie überbietet deren Effizienz zwar um einen Faktor 2 bis 3, erfordert jedoch einiges Knowhow, lange Planungszeiten und hohe Investitionskosten, weshalb nicht alle Industrienationen diese Quelle nutzen. Ein Faktor 2 bis 3 ist eben gut, aber nicht gut genug. Im Kapitel 3 werden die größtenteils historisch bedingten Schwierigkeiten genauer diskutiert. Insbesondere

[12] Vgl. RP-Energie-Lexikon, Ökostrom, www.energie-lexikon.info/oekostrom.html, 26.9.2018.

der Abschnitt 3.6 wird zeigen, dass in der Kernenergie ungleich mehr Potential steckt, als heute genutzt wird.

2.5 Vom Musterschüler zum Nachzügler

Wir wissen nun bereits, dass es auf die Energie- und Leistungsdichte einer Methode zur Stromerzeugung ankommt. Beide sollten so groß wie möglich sein. Nur dann ist die Methode wirtschaftlich und umweltschonend. Erst mit den immer stärker zu Tage tretenden Problemen der deutschen Energiewende wird der Öffentlichkeit langsam die zweite, fast noch wichtigere Voraussetzung bekannt. Diese wurde in der Energiewende-Euphorie anfänglich schlicht vergessen oder ignoriert, obwohl Fachleute unablässig darauf hinwiesen. Es ist die so genannte Grundlastfähigkeit eines Kraftwerks zur Stromerzeugung. In Abschnitt 2.3 wurde dies am Beispiel der Windanlage E-126 bereits angedeutet. Was ist mit Grundlast gemeint?

In jedem Stromnetz muss zu jedem Zeitpunkt die Menge des erzeugten Stroms bei stabiler Frequenz der des Verbrauchs entsprechen, anderenfalls bricht das Stromnetz zusammen. Diese Grundbedingung können Wind- und Sonnenstrom ihres extrem unsteten Aufkommens wegen (Flatterstrom) nicht erfüllen. Da es keine wirtschaftliche Methode der Stromspeicherung in großem Maßstab gibt und aus physikalischen Gründen auch nie geben kann, sorgen heute fossile Ersatzkraftwerke des gleichen Leistungsumfangs wie dem der auszugleichenden *Erneuerbaren* für den Fluktuationsausgleich. Damit hat man ein doppeltes System von Kraftwerken eingerichtet – mit deutlich höheren als den doppelten Kosten, denn die Ersatzkraftwerke müssen wegen ihres notwendigen Reaktionsvermögens mit teurem Gas betrieben werden.

Da wir Strom bereits seit Kindesbeinen als quasi selbstverständlich aus der Steckdose zur Verfügung stehend ansehen, ist eine gefährliche Kenntnislücke entstanden. Eine stabile Stromversorgung ist keineswegs selbstverständlich, wie es die Verhältnisse in Entwicklungsländern belegen. Sie ist aber für unser schieres Überleben unverzichtbar. Im Gegensatz zu Bewohnern von Entwicklungsländern, die oft noch über einfache autonome Überlebenssysteme wie einen Brunnen in der Nähe und meist auch einen kleinen eigenen Nahrungsanbau verfügen. In unserer hochtechnisierten Umgebung kann man dagegen ohne Heizung und Sprit zwar noch überleben, nicht aber ohne Strom über längere Zeit. Bei Stromausfall brechen Wasserversorgung, Radio, Fernsehen, Telefon, d.h. die gesamte öffentliche wie private Kommunikation und nur wenig später auch die Ketten der Lebensmittelversorgung für die Supermärkte zusammen. Insbesondere die Ordnungs- und Rettungskräfte werden „blind und taub“. Bisherige Erfahrungen zeigen das schnelle Zerbröckeln der öffentlichen Ordnung bei einem großflächigen Black-Out. Es beginnt in der Regel mit dem Plündern von Geschäften und Supermärkten. Eine Bundesdrucksache belegt die Folgen detailliert. Ihre Lektüre ist nichts für schwache Nerven.[13]

Aus diesen Gründen müssen Kohle, Gas und Kernkraftwerke als Musterschüler und *Erneuerbare* als Nachzügler bezeichnet werden. Die Einspeisung von witterungsabhängigem Strom aus Windrädern und Photovoltaikanlagen bringt das labile Gleichgewicht unseres Stromnetzes zunehmend ins Wanken. Es kann heute in Deutschland nur von den schon erwähnten Ausgleichskraftwerken aufrecht erhalten werden. Der Aufwand, ablesbar an der stetig steigenden Zahl von technischen Netzeingriffen, nimmt ungebremst zu (s. Abb. 2.2).

Insbesondere Windräder sind eine mittelalterliche Methode der Energiegewinnung. Daran ändern auch ihre High-Tech-Konstruktionen nichts. Wie Pferdekutschen kann man sie selbst mit modernsten Fertigungsmethoden oder Computerunterstützung kaum schneller machen.

---

[13] Bundesdrucksache 17/5672, 27.4.2011.

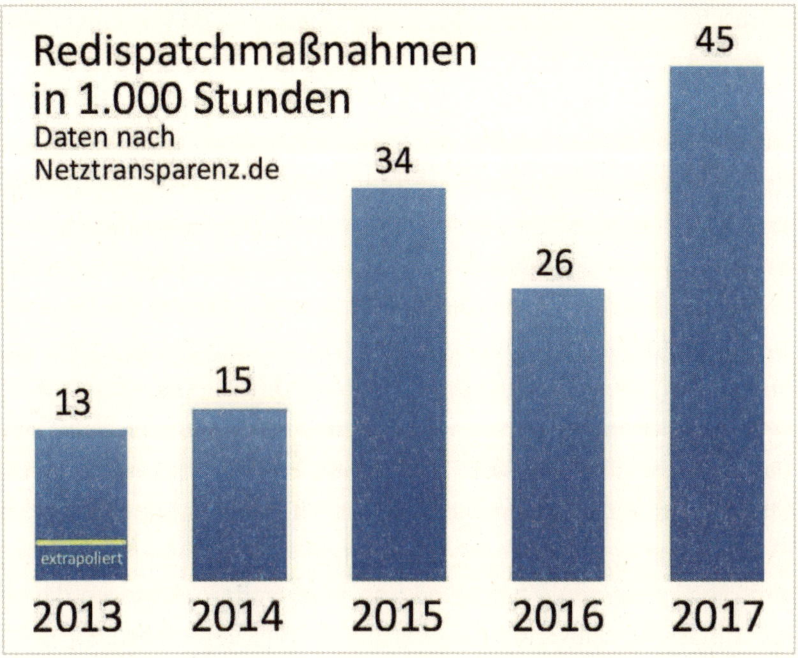

Abb. 2.2: Jährliche Eingriffe in das Stromnetz (Redispatchmaßnahmen).[14] *Die Daten vor April 2013 wurden linear extrapoliert. Deutlich zu sehen: Die Eingriffe nehmen stark zu.*

Nur der Bau immer größerer Windkraftanlagen konnte noch ein wenig mehr Leistung herausholen. Das soll beeindrucken und Fortschritt suggerieren, ist tatsächlich aber Augenwischerei, denn die graue Energie zur Herstellung erhöht sich damit ebenfalls, so dass der Erntefaktor oft sogar geringer wird. Aus guten Gründen haben schon unsere Vorfahren mit Freuden die Segelschifffahrt zugunsten des Kohle- und später Dieselantriebs aufgegeben. Auf die Umweltschäden von Windrädern, ihren Landschaftsverbrauch und die von ihnen verursachte gesundheitliche Schädigung von Anrainern durch

---

[14] Vgl. die Informationsplattform der vier deutschen Übertragungsnetzbetreiber. www.netztransparenz.de

Infraschall näher einzugehen, verbietet sich aus Platzgründen. Nur folgende Zahlen seien zur Erläuterung angegeben:

Wollte man hypothetisch allen Strom Deutschlands im Jahr 2016 mit *Erneuerbaren* erzeugen, wären dafür folgende Flächen erforderlich: Mit Windrädern (Flächenverbrauch einer heutigen Windradanlage in einem sogenannten Windpark: grob 0,3 Quadratkilometer) etwa die Fläche Bayerns, mit Photovoltaikzellen etwa dreimal die Fläche des Saarlandes, mit Biosprit aus Energiepflanzen die Gesamtfläche Deutschlands.[15] Dass es sich bei Wind- und Sonnenstrom um zu großen Teilen unbrauchbaren Flatterstrom handelt, bleibt dabei unberücksichtigt. Der extrem kleine Anteil der *Erneuerbaren* im Jahr 2016 spricht allein für sich: Die fossilen Brennstoffe, im Wesentlichen Kohle, Gas, Erdöl sowie Uran liefern etwa 86 Prozent aller in Deutschland verbrauchten Primärenergie, etwa zwölf Prozent steuern die *Erneuerbaren* bei. Wind und Photovoltaik erbringen davon trotz massiver Subventionen über mindestens zehn Jahre nur etwa drei Prozent, die restlichen neun Prozent stammen aus *erneuerbaren* Quellen, die man auch schon lange vor der Energiewende ökonomisch sinnvoll genutzt hat: Wasserkraft, Holz, Faulgas, Biodiesel und weitere. An dieser Zusammensetzung wird sich trotz der Energiewende auch in Zukunft wenig ändern.[16]

Trotz aller politischen und ökoideologischen Euphorie über die *Erneuerbaren* führt kein Weg an der rationalen, eindeutig durch die naturwissenschaftlichen und technischen Fakten belegten Erkenntnis vorbei, dass die *Erneuerbaren* grundsätzlich technisch ungeeignet, zu teuer und teilweise hoch umweltschädigend sind. Dies ergibt sich allein schon durch die schier unbeschreibliche Anzahl von Anlagen, die für eine industrielle Stromversorgung benötigt wird. Die

---

[15] Vgl. Vincent K.M. Cheng, et al., Life-cycle energy densities and land-take requirements of various power generators: A UK perspective, Journal of the Energy Institute, 90,2 (2017) 201, 2.4.2017. https://doi.org/10.1016/j.joei.2016.02.003

[16] Vgl. AG Energiebilanzen e.V., Energieverbrauch in Deutschland, Daten für das 1.-4. Quartal 2016, August 2018. https://ag-energiebilanzen.de/10-0-Auswertungstabellen.html

Größenverhältnisse sind es, die den meisten Leuten nicht bewusst sind, wenn man ihnen ein Windrad neben einem Kernkraftwerk zeigt. Von *Nachzüglern* zu sprechen ist daher bereits ein freundlicher Euphemismus. Auch *Erneuerbare* müssen einen Platz im Wettbewerb der Systeme haben und sollten Gelegenheit erhalten, ihre Fähigkeiten und Vorzüge zu beweisen. Dies muss aber ohne staatliche Subventionen in einem freien Strommarkt erfolgen.

2.6 Was verspricht die Kernenergie, was hält sie?

Bisher haben wir den Nutzen der Kernenergie hervorgehoben. Sie schneidet in der Effizienz und daher Umweltfreundlichkeit mit Abstand am besten ab. Dies geschah auch zur Abgrenzung von der völlig sachfremden deutschen Berichterstattung, die immer nur über die angeblich negativen Folgen, allen voran das Sicherheitsrisiko, das ungelöste Abfallproblem und über die Endlichkeit der Ressourcen berichtet. Diese Aspekte werden in den nachfolgenden Kapiteln detailliert erörtert, wobei wir die wesentlichen Ergebnisse hier schon einmal voranschicken:

- Bereits die heutigen Kernkraftwerke stellen die weitaus sicherste Form der Stromerzeugung dar. Dies wird schnell klar, wenn man die Anzahl der Opfer von Tschernobyl von etwa 50 Toten (in Fukushima gab es keine, s. Kap. 3.5) mit denen von Staudammbrüchen und im unterirdischen Kohleabbau vergleicht.[17] Selbst die inzwischen von Windrädern herabgestürzten Monteure übersteigen die Tschernobyl-Zahl bei weitem.[18] In einer Publikation der Universität Stutt-

[17] Die von Greenpeace in einer „Studie" im Jahr 2006 verbreitete Zahl von weltweit angeblich bis zu sechs Millionen Opfer hat keine wissenschaftliche Grundlage, 18.4.2006.
Vgl. www.greenpeace.org/international/en/publications/reports/chernobylhealthreport/

[18] Vgl. Ulrich Fahl und Günter Schmid: Der Beitrag der Kernenergie zu einer nachhaltigen wirtschaftlichen und ökologischen Entwicklung, Institut für Energiewirtschaft und Rationelle Energieanwendung (IER) der Universität Stuttgart,
www.vdi.de/fileadmin/vdi_de/redakteur_dateien/get_dateien/Beitrag-Kernenergie-nachhaltige-Entwicklung.pdf, 26.9.2018.

gart ist die Sicherheit von Stromerzeugungsmethoden im Vergleich an Hand des Kriteriums „Tote pro TWh erzeugter elektrischer Energie" angegeben (TWh = Terawattstunde = eine Milliarde Kilowattstunden).[19] Dieses Zählverfahren klingt vielleicht zynisch, ist aber nichts anderes als eine analoge Methode wie beispielsweise die bekannten Angaben zur Sicherheit von Beförderungsmitteln mit der Wahrscheinlichkeitsangabewie viele Menschen, infolge eines Auto- oder Flugzeugunfalls „pro eine Million Kilometer" ums Leben zu kommen. Es gibt grundsätzlich keine technische Methode ohne Opfer. Die aktuell über 3000 Verkehrstoten jedes Jahr in Deutschland belegen diesen traurigen Sachverhalt. Insofern ist es rational nicht nachvollziehbar, zwar die Kernenergie aufzugeben, die in Deutschland noch nie Opfer forderte, aber gleichzeitig den Autoverkehr beizubehalten.

- Die Betriebsbrennstoffe Uran zusammen mit Thorium sind praktisch unendlich (s. Kap. 3.4), wenn man mehrere Millionen Jahre mit dem Begriff „unendlich" bezeichnen darf. Dies gilt freilich nicht für die heutigen Kernreaktoren, sondern für die der Generation IV (s. Kap. 4). Diese Typen existieren bereits, zum Teil als kommerzielle Anlagen, meist aber erst im Pilotstadium und viele auch noch im Reißbrettstadium. Die extreme Reichweite des Kernbrennstoffs Uran hat seine Quelle im Meer.[20] Uran aus dem Meer ist praktisch unerschöpflich, denn es wird fortlaufend von Flüssen und Bächen ausgewaschen und ins Meer gespült. Für die heutigen Typen von Kernkraftwerken ist die Urangewinnung aus

---

[19] Vgl. Alfred Voß: Wege der Energiewirtschaft zu einer nachhaltigen Energieversorgung, Institut für Energiewirtschaft und Rationelle Energieanwendung (IER) der Universität Stuttgart. Nur noch als Memento in www.archive.org, 26.9.2018.

[20] Vgl. James Conca: Uranium Seawater Extraction Makes Nuclear Power Completely Renewable, 1.7.2016.
www.forbes.com/sites/jamesconca/2016/07/01/uranium-seawater-extraction-makes-nuclear-power-completely-renewable

Meerwasser noch nicht wirtschaftlich, für die Typen der Generation IV aber bereits schon. Sie nutzen nämlich den Brennstoff bis zu einhundertmal effizienter aus.

- Das Abfallproblem (Kap. 3.2) ist mit der Generation IV (Kap. 4) von alleine gelöst, es gibt so gut wie keines mehr. Die dann noch zu verwahrenden vernachlässigbaren Mengen radioaktiver Rückstände bereiten keine Probleme.
- Der minimale Flächenverbrauch von Kernkraftwerken ist wegen ihrer hohen Energie- und Leistungsdichte nicht mehr zu unterbieten. Kernkraftwerke erzeugen überdies Grundlaststrom und weisen praktisch keine Emissionen auf. Sie können überall, wo Strombedarf besteht, in praktisch jeder gewünschten Größe, gebaut werden. Dadurch werden viele der teuren und landschaftsverunstaltenden Überlandleitungen obsolet. Durch die völlige Freiheit in der Baugröße von Kernkraftwerken kann man das Größenoptimum auswählen und anwenden.

Die meisten BRICS-Staaten (Brasilien, Russland, Indien, China und Südafrika) haben diese Lektion begriffen und bauen ihre zivile Kernenergienutzung zügig aus.[21] Es bleibt abzuwarten, ob und wann sich auch in Deutschland wieder die Vernunft durchsetzt. Spätestens, wenn die durch Festhalten an unwirtschaftlichen und umweltschädlichen *Erneuerbaren* entstandenen Nachteile massiv zu Tage treten, wird es ein Umdenken geben.

---

[21] Vgl. BRICS nations a global driver for nuclear power, Business Standard, 2.6.2015. www.business-standard.com

3] Was hat es mit den heutigen Kernkraftwerken auf sich?

Zuerst aber: Was unterscheidet eigentlich ein Kernkraftwerk von einem Kraftwerk, das mit Kohle oder Gas betrieben wird? Die kurze Antwort: Die Kernenergie ist um vieles mehr als millionenfach stärker als die Energien unserer täglichen Erfahrung wie Wärmeenergie aus Kohleverbrennung, Energie der Sonnenstrahlung, Energie des Windes oder Energie aus Motoren und Flugzeugturbinen. Der Grund für diesen Unterschied liegt im Atomaufbau. Jedes Atom hat eine negativ geladene Hülle von Elektronen (den Trägern des elektrischen Stroms). Die Energien, die von Änderungen dieser Hülle ausgehen, sind die unserer täglichen Erfahrung. Der Atomkern dagegen besteht aus positiv geladenen Protonen und neutralen Neutronen, zusammen *Nukleonen* genannt. Die hier maßgebenden Energien sind etwa 100 Millionen Mal stärker als die der Elektronenhülle. Die positive Ladung des Kerns und die negative der Hülle heben sich auf, und das Atom ist nach außen hin neutral.

Die Anzahl der Protonen bestimmt, um was für ein Element es sich handelt. So besitzt der Wasserstoff als leichtestes Element nur ein Proton, der Kohlenstoff schon sechs Protonen und so fort. Die Neutronen verändern dagegen nur das Gewicht des betreffenden Elements. Gleiche Elemente mit unterschiedlicher Neutronenzahl bezeichnet man als Isotope des Elements. Elemente mit ihrer natürlichen Neutronenzahl sind in der Regel stabil. Alle anderen Isotope zerfallen dagegen mehr oder weniger schnell. Sie sind *radioaktiv*.

Die leicht verständliche Nomenklatur besteht im Elementnamen oder seinem Kürzel, an welches die Gesamtzahl seiner Nukleonen angehängt wird. C-12 bezeichnet beispielsweise das stabile Isotop des Kohlenstoffs mit zwölf Nukleonen (sechs Protonen und sechs Neutronen). Wie kann es instabile Isotope aber überhaupt geben? Sie werden laufend neu erzeugt. Ein bekanntes Beispiel ist das für die Altersbestimmung von archäologischen Funden verwendete Kohlenstoffisotop C-14 mit 2 Neutronen mehr als sein stabiler Bruder. Die stetige Erzeugung von C-14 erfolgt durch die kosmische Strahlung. Mit Hilfe von C-14 lässt sich das Alter abgestorbener organischer Substanzen (z.B. Holz) bestimmen. Dies zeigt schon einmal, dass radioaktive Isotope wichtige Nutzanwendungen aufweisen. Wir werden später noch mehr kennenlernen.

In der ersten Hälfte des letzten Jahrhunderts gelang es Forschern, den Atomkernaufbau zu entschlüsseln. Sie erkannten, dass die Spaltung bestimmter Isotope des Urans oder Plutoniums einen Teil der oben erwähnten extremen Energie des Atomkerns freisetzt. Durch Verschmelzung (Fusion) von Wasserstoffisotopen wird sogar noch mehr Energie als bei der Spaltung frei. Zivil nutzbare Fusion ist allerdings bis heute nicht realisierbar, zivil genutzte Kernspaltung dagegen bereits seit mehr als 70 Jahren. Sie ist das Prinzip aller heute betriebenen Kernkraftwerke. Wie funktioniert der Trick? Gegenüber der Kernfusion gibt es bei der Kernspaltung eine Besonderheit, die ihre effektive Nutzung erst möglich macht – die *Kettenreaktion*. Die Spaltung eines Atomkerns wird durch ein einfliegendes Neutron ausgelöst, das der Kern zunächst absorbiert, aber nicht mehr aufnehmen kann. Er zerfällt in zwei Fragmente, die *Spaltprodukte* (welche den eigentlichen nuklearen Abfall darstellen), setzt dabei Energie und wieder neue Neutronen frei, die ihrerseits neue Kerne spalten können. Das Ergebnis ist eine nukleare Kettenreaktion, die dafür sorgt, dass der Reaktor am Laufen bleibt. Die Spaltung funktioniert jedoch nicht bei allen schweren Kernen gleich gut. Uran-235 beispielsweise ist sehr gut spaltbar, Uran-238 nur sehr schlecht (s. den Brutprozess in Kap. 4.2). Natürliches Uran, wie man es in den Minen fördert, ist immer ein Gemisch dieser beiden Isotope, im Falle von Uran genau umgekehrt zur Spaltbarkeit: U-235 kommt nur mit 0,7 Prozent im Natururan vor, Tendenz langfristig fallend, denn U-235 zerfällt sechsmal so schnell wie U-238.

Bei ausreichender Konzentration von U-235 reichen die dabei freiwerdenden Neutronen zwar aus, weitere Kerne zu spalten und damit eine Kettenreaktion aufrecht zu erhalten. Doch für heutige Reaktoren ist die natürliche Konzentration zu gering. Sie benötigen ein Vielfaches davon. Zum Glück, denn sonst könnte es durchaus passieren, dass in der Natur nukleare Kettenreaktionen ganz von selbst auftreten. Man glaubt es zwar kaum, aber solche Naturreaktoren gab es tatsächlich auf der Erde: Vor 1,5 Milliarden Jahren, als der Anteil an U-235 im Natururan noch etwa drei Prozent betrug, gab es im afrikanischen Gabun ein zufälliges Zusammentreffen von Uranvorkommen und Wasser als Moderator. 15 dieser „Natur-Kernreaktoren" hat man dort bereits gefunden, und sie liefen 500.000 Jahre lang, wenn auch mit geringer Leistung. Allein diese Tatsache verbietet es schon, zwischen natürlicher und künstlicher Radioaktivität zu unterscheiden und letztere als menschengemacht, widernatürlich und damit automatisch gesundheitsgefährdend einzustufen. Heute muss man das Isotop U-235 künstlich konzentrieren, d.h. *anreichern*, um damit einen Kernreaktor betreiben zu können. Dieser Prozess ist sehr aufwendig und macht einen Großteil der Kosten des Stroms aus Kernenergie aus (s. Kap. 3.3).

Wir haben gerade den Begriff „Moderator" erwähnt. Er ist sehr wichtig und soll hier deshalb erklärt werden. Die von einem gespaltenen Kern freigesetzten Neutronen werden zunächst mit hoher Geschwindigkeit emittiert. Die Natur hat es aber so eingerichtet, dass langsame Neutronen erheblich besser neue Kerne spalten können als schnelle. Man kann also einen Kernreaktor erheblich kleiner bauen und muss auch nicht so stark anreichern, wenn man es schafft, die Neutronen abzubremsen, sie zu *moderieren*, und sie damit auf sogenannte *thermische* Geschwindigkeiten zu bringen (im Kap. 4.1 werden diese Zusammenhänge genauer erläutert). Reaktoren, die diesen Effekt nutzen, nennt man deshalb *thermische Reaktoren*, und das sind praktisch alle heutigen. Dazu füllt man den Raum zwischen den Uranstäben mit einem *Moderator*. In den heute installierten Kernreaktoren bis zur Generation III ist dies in der Regel einfaches Wasser. Die Neutronen entstehen im Uran, durchqueren den Brennstab, treffen auf das Wasser, wo sie langsamer werden, und werden dann mit hoher Wahrscheinlichkeit in einem der benachbarten Brennstäbe einen weiteren Urankern spalten. Damit ist auch zuverlässig die oft geäußerte Befürchtung entkräftet, *Kernkraftwerke könnten doch explodieren wie eine Atombombe*. Das ist falsch. Geht etwas total schief und die Kettenreaktion erzeugt zu viel Wärme, verdampft das Wasser. Damit fehlt der Moderator, es gibt nur noch schnelle Neutronen, und die Kettenreaktion hört von alleine auf. Man bezeichnet solch einen Mechanismus als *inhärent sicher*, weil er im Prinzip des Systems selbst steckt und es keiner besonderen Vorkehrungen bedarf, um ihn in Gang zu setzen. Wenn aber alles so einfach und sicher ist, wie kam es dann zu den schweren Havarien von Tschernobyl und Fukushima? Wir geben die Antwort unter 3.5 und 3.7.

Heutige Kernkraftwerke sind also überwiegend wassermoderiert, wobei das Wasser auch gleichzeitig die Wärme aufnimmt, die durch die Kernspaltungen entsteht. Alles Weitere läuft dann ganz konventionell (man nennt dies auch den *konventionellen Teil* eines Kernkraftwerks) ähnlich wie in Kohle- und Gaskraftwerken ab: Der heiße Wasserdampf dehnt sich aus und treibt Turbinen an, die dann über Generatoren Strom erzeugen. Der Unterschied besteht nur in der Art, wie die Wärme erzeugt wird. Die Spaltprodukte, die energetisch nicht mehr nutzbar sind, haben dabei ein unnatürliches Verhältnis von Protonen zu Neutronen und sind infolgedessen radioaktiv, bis sie von selbst ein stabiles Verhältnis erreicht haben. Dies kann je nach Art des Spaltproduktes augenblicklich ablaufen, oder sich über Jahrhunderte hinziehen. Radioaktivität hat aber auch einen Vorteil: sie sorgt für einen genau berechenbaren Zerfall, was man von chemischen Abfällen nicht sagen kann, die sich teilweise ewig halten.

Beim radioaktiven Zerfall entsteht *ionisierende Strahlung*, für die der Mensch keine Sensoren hat. Nun liegt es in der höheren Natur des Menschen, vor dem Unbekannten nicht sofort zu flüchten, sondern die Phänomene erst einmal genau zu untersuchen, um sie evtl. sogar für sich nutzbar zu machen. Gerade bei ionisierender Strahlung, im Folgenden auch oft radioaktive Strahlung genannt, gab es in den letzten hundert Jahren einen so enormen Erkenntnisgewinn, dass man diese mittlerweile gezielt medizinisch nutzt und, zumindest hier, für Angst kein Grund mehr besteht. Wir werden im folgenden Abschnitt näher auf dieses Thema eingehen.

3.1 Radioaktive Strahlung: Freund oder Feind?

Ein paar Worte zur Begrifflichkeit vorweg. Radioaktivität ist die Fähigkeit eines Atomkerns, Strahlung zu emittieren. Dies geschieht für jeden Atomkern genau *einmal*, dann ist er ein anderer Kern. Dieser kann seinerseits wieder radioaktiv sein, aber nach einer Kette von Zerfällen wird er irgendwann in einen nicht-radioaktiven stabilen Kern übergehen. Ganz anders verhält es sich mit dem, *was* emittiert wird, der *Strahlung*. Diese besteht zwar auch aus Partikeln unterschiedlicher Art, die aber selbst nicht radioaktiv sind. Sie sind jedoch *ionisierend*, d.h. sie können in organischem Gewebe Schäden an Zellen bewirken. Der fachlich korrekte Begriff ist deshalb *ionisierende Strahlung*. Wir werden dies aber synonym für „radioaktive Strahlung" verwenden.[22] Ein weit verbreiteter Irrtum besteht jedoch darin zu glauben, dass ein bestrahlter Gegenstand oder Organismus dadurch selbst radioaktiv wird. *Radioaktivität ist nicht ansteckend!*

Alles, was wir spüren, sehen, riechen und hören, wird, wie bereits betont, von Umwandlungen der Atomhülle verursacht. Der Atomkern selbst macht sich uns nicht bemerkbar. Zu ihm kann nur radioaktive Strahlung vordringen oder aber Neutronen (elektrisch neutrale Bausteine des Atomkerns), wie sie im Inneren von Kernkraftwerken zum Zweck der Kettenreaktion freigesetzt werden. Die Produkte des Abbrands in Kernkraftwerken sind radioaktiv, teilweise sogar stark radioaktiv. Der Begriff radioaktive Strahlung erzeugt bei vielen Menschen zuerst einmal Angst. Dies ist verständlich, denn nicht nur durch die Druckwelle der beiden Atombombenexplosionen über Hiroshima und Nagasaki wurden unzählige Menschen getötet, auch der Strahlungsblitz sowie die freigesetzte Radioaktivität forderten zahlreiche Opfer. Angst ist aber bekanntlich kein guter Ratgeber, Fakten sind besser.

Alle Lebewesen dieser Erde waren und sind stets der radioaktiven Strahlung von Gesteinen oder auch beispielsweise von Wasser in Heilquellen ausgesetzt. Im Flugzeug dringt die radioaktive Strahlung des Kosmos auf uns ein, weil ein Teil der abschirmenden Erdatmosphäre bei den heutigen Flughöhen bereits unter uns liegt. Dennoch besteht zur Ängstigung über diese radioaktive Strahlung absolut kein Anlass. Von Piloten, Stewardessen oder Personal an radioaktiven Heilquellen (fast alle Heilquellen liefern radioaktives Wasser) ist auch nach jahrzehntelangen Studien keine kürzere Lebenserwartung oder Häufung von Krebserkrankungen erkennbar.[23]

---

[22] Natürlich ist „radioaktive Strahlung" nicht selbst radioaktiv, sondern hat einen radioaktiven Ursprung, so wie „kosmische Strahlung" nicht selbst kosmisch ist. Die Sprache lässt diese Formulierung also durchaus zu.

[23] Vgl. Centre for Desease Control and Prevention: Cosmic Ionizing Radiation. What you need to know, 9.5.2017. www.cdc.gov/niosh/topics/aircrew/cosmicionizingradiation.html

Die natürliche radioaktive Strahlung ist in vielen Erdregionen sogar weit stärker als die der „radioaktiv verseuchten" Gebiete in Tschernobyl und Fukushima. Auch hier taucht wieder dieser sonderbare Effekt auf, der zwar der Wissenschaft bestens bekannt ist, von den Medien aber wie ein gefährliches Geheimnis sorgsam verschwiegen wird: Die Einwohner in Gegenden mit ungewöhnlich starker natürlicher Umgebungsstrahlung haben keine höheren Krebsraten oder gar eine geringere Lebenserwartung als Vergleichsgruppen ohne „Strahlungsbelastung".[24]

Woran mag das liegen? Zur Vermeidung von Missverständnissen ist zu betonen, dass kein Unterschied zwischen natürlicher und künstlich erzeugter Radioaktivität besteht.

Unser Körper selbst ist auf ganz natürliche Weise durch die mit Luft und Nahrung aufgenommenen radioaktiven Stoffe selber radioaktiv. Ist dies nun gefährlich? Und außerdem: wäre nicht gänzliche Abwesenheit von Radioaktivität der Idealzustand gesunden Lebens? Die Antwort lautet, für die meisten Leser vermutlich sehr überraschend, „nein". Ohne Radioaktivität und noch weitere hier nicht beschriebenen Umwelteinwirkungen, die sogar unsere Vererbungsmoleküle verändern können, gäbe es keine Evolution und damit auch uns Menschen nicht. Mehr noch, Strahlung kann die Reparaturmechanismen der Zellen anregen und sie trainieren, natürlich nur bei kleiner Dosis. Dies ist eine Analogie zu der positiven Wirkung, wie sie moderate Sonnenstrahlung aber auch Bakterien und Viren, kurz alle „Angriffe" auf unser Immunsystem, ausüben. Nur im andauernden Wechselspiel von äußerem Angriff und Verteidigung unseres Körpers ist Evolution, Leben und Gesundheit möglich. Natürlich dürfen die Angriffe nicht so stark werden, dass die *Verteidigung* zu-

---

Vgl. Z. Zdrojewicz/ J. Strzelczyk: Radon Treatment Controversy, Formerly Nonlinearity in Biology, Toxicology and Medicine, Dose response 4 (2), 2006. http://journals.sagepub.com/doi/pdf/10.2203/dose-response.05-025.Zdrojewicz

[24] Vgl. Wei Luxin et al.: Epidemiological Investigation of Radiological Effects in High Background Radiation Areas of Yangjiang, China, Journal of Radiation Research, 31 (1990) 119, 1.5.1990. https://doi.org/10.1269/jrr.31.119

sammenbricht. Etwas Ähnliches sprach schon Paracelsus in seinem berühmten Satz *Die Dosis macht das Gift* aus. Wirklich gefährliche Viren, zu starke radioaktive Strahlung, ja sogar anscheinend harmloses Salz in zu großer Menge verzehrt (wenige hundert Gramm auf einmal sind Gift) sind für uns tödlich.

Bei kaum einem Thema ist die Diskrepanz zwischen öffentlicher Wahrnehmung und wissenschaftlich gesicherten Erkenntnissen größer als bei der biologischen Wirkung von Radioaktivität. Gerade hier wäre es Aufgabe der öffentlich-rechtlichen Medien, aufzuklären. Leider geschah dies in den vergangenen Jahrzehnten zunehmend seltener. Es wurden sogar Falschinformationen in großem Stil verbreitet. Die deutsche Berichterstattung über Fukushima mit seinen rund 20.000 Tsunamitoten, aber keinem einzigen Strahlenopfer durch die Kernkraftwerkshavarie, war trauriger Höhepunkt einer offensichtlich konzertierten Kampagne gegen alles was mit „Atom" oder „Kern" beginnt (s. die Analyse der *Tagesschau* in Kap. 3.5). Zur zuverlässigen Information empfehlen wir die Schriften der internationalen UN-Organisation UNSCEAR. Selbst den als „wissenschaftlich" titulierten Berichten der Öffentlich-Recht-lichen ist hier nicht mehr zu trauen. Einziger Hoffnungsschimmer an korrekter, objektiver Berichterstattung ist der französische Einfluss über das deutsch-französische Gemeinschaftsprojekt ARTE. Hier tauchen häufiger sachlich einwandfreie und gut gestaltete Dokumentationen über Kerntechnik auf, an deren Beteiligung und zu deren Ausstrahlung die ARD-Sender dann vertraglich verpflichtet sind. Vielleicht lernen einige deutsche Journalisten dabei ja auch, über ihren ideologischen Tellerrand zu schauen.

Um ein Gefühl für die Gefährlichkeit von Strahlung zu bekommen, muss man sie quantifizieren. Für den Organismus relevant ist dabei nicht die Intensität, also die „Sendestärke", sondern das, was von dem Körper tatsächlich aufgenommen wird, also die „Empfangsqualität", genannt *Dosis*, genauer die *Äquivalenzdosis*. Die zugehörige Einheit ist das Sievert, abgekürzt Sv. Man verwendet auch die kleineren Einheiten Millisievert (ein Tausendstel, kurz mSv) oder Mikrosievert (ein Millionstel, µSv). Oft interessiert auch die Dosisrate oder Dosisleistung als „Dosis pro Zeit", wie z.B. Millisievert pro Jahr (mSv/Jahr), Mikrosievert pro Stunde (µSv/Stunde) oder ähnliche weitere Einheiten. Was ist denn nun gefährlich, 1 Sv? Oder 1 µSv/Stunde? Kommt es auf die Dosis oder auf die Dosisrate an? Die korrekte Antwort ist „auf beides".

Dazu stelle man sich an einem schönen Frühlingstag das erste Sonnenbad vor. Die Haut ist noch blass und reagiert empfindlich auf die ersten Sonnenstrahlen. 30 Minuten führen deshalb sehr wahrscheinlich zu einem Sonnenbrand und sind deshalb „gefährlich". Sonnt man sich dagegen nur fünf Minuten, und dies am nächsten Tag wieder, und macht das sechs Tage lang, so hat man insgesamt die gleiche, nun aber ungefährliche „Sonnendosis" erhalten. Der Unterschied liegt hier ersichtlich nicht in der Dosis, sondern in der Dosisrate: Statt in 30 Minuten hat man die gleiche Dosis auf sechs Tage verteilt und damit die Dosisrate um einen großen Faktor verringert. Hinzu kommt: Nach der ersten Bräune ist die Haut unempfindlicher gegen weitere Sonneneinstrahlung. Die „Äquivalenzdosis" ist also weniger äquivalent als sie sich anhört, und die Zusammenhänge sind infolgedessen auch nicht ganz trivial.

Was weiß man über die gesundheitliche Wirkung radioaktiver Strahlung wirklich? Eigentlich nur dies: 1 Sv in wenigen Minuten bis etwa einer Stunde kann gefährlich, mehrere Sievert können sogar lebensgefährlich sein. Unterhalb von einem Sievert ist dagegen so gut wie nichts bekannt. Trotzdem hat die internationale Strahlenschutzkommission bereits in den 1950er Jahren eine Grenze bei 0,1 Sv (also 100 mSv) gezogen, um sicher zu gehen. Ohne Angabe eines Zeitraums, in welchem diese Dosis aufgenommen wird, nützt dieser Grenzwert jedoch wenig. Denn da die mittlere natürliche Radioaktivität in Deutschland bei 2 mSv/a liegt, hat der Durchschnitts-

Deutsche automatisch diesen Grenzwert in 50 Jahren überschritten, manche früher, andere später. Es ist einleuchtend, dass sich der 100-mSv-Grenzwert auf einmalige kurze Belastung bezieht, die sich dann möglichst nicht wiederholen sollte.

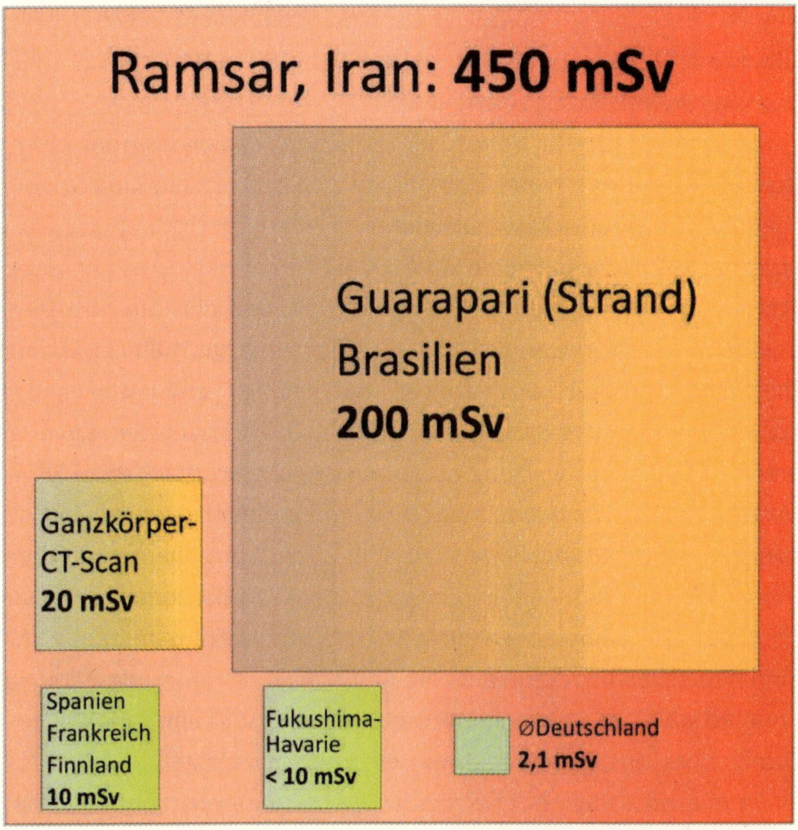

Abb. 3.1: Natürlicher Strahlungsuntergrund (Jahreswerte) in verschiedenen Regionen der Erde. Dargestellt ist außerdem die maximale Belastung bei einjährigem Aufenthalt in der evakuierten Zone um Fukushima direkt nach dem Unfall sowie zum Vergleich die Belastung bei einem Ganzkörper-CT-Scan.

Wir erwähnten bereits, dass es unzählige, zum Teil sehr ausgedehnte Regionen der Erde mit einer natürlichen Umgebungsstrahlung gibt, die weit über dem offiziellen Limit der internationalen Strahlenschutzkommission liegt. Solche Gebiete finden sich auch in Europa vorwiegend in Spanien, Frankreich und Finnland mit Jahreswerten zum Teil weit über 10 mSv, also des fünffachen Deutschlands. Extrembeispiele, allerdings außerhalb Europas, sind punktuelle Jahreswerte von bis zu 450 mSv im Iran (Ramsar) oder auch die Monazitstrände der brasilianischen Stadt Guarapari mit bis zu 200 mSv, die intensiv von Badegästen zur Erholung genutzt werden (s. Abb. 3.1).

Zum Vergleich: Die Belastung der in den Medien als unbewohnbar bezeichneten „Todeszone" in Fukushima betrug 7,5 mSv/Jahr. Der von den japanischen Behörden evakuierte Bereich in Fukushima wies 10 mSv/Jahr auf. Eine Computer-Tomographie des gesamten Körpers belastet diesen mit 20 mSv, und zwar nicht in einem Jahr, sondern innerhalb weniger Minuten. Bei all diesen Fällen stark erhöhter, aber immer noch geringer Strahlendosen konnten bis heute keine Gesundheitsschäden wie erhöhte Krebsraten oder gar eine geringere Lebenserwartung aufgefunden werden. Dagegen gibt es Anzeichen von positiven Effekten kleiner Strahlendosen.[25] Die oben beschriebenen Gründe eines notwendigen „Trainings" unseres Immunsystems liefern Anhaltspunkte für diese Beobachtung, die unter dem Begriff *Hormesis* bekannt ist und seit längerem wissenschaftlich erforscht wird. Zumindest die gesundheitlich fördernde Wirkung von radioaktiven Heilquellen ist auch einem größeren Publikum bekannt, ohne dass es aber daraus weitere Schlüsse zieht.

In die offiziellen Strahlenschutzverordnungen hat die Hormesis noch keinen Eingang gefunden. Dafür sind mehrere Gründe verantwortlich. Insbesondere die weltweite Agitation gegen die Kernkraft in den westlichen Demokratien zwingt die dortigen Regierungen – Musterbeispiel Japan – aus politischer Rücksichtnahme Maßnahmen zu ergreifen, die in Wirklichkeit kontraproduktiv sind. Nach den bis-

[25] Bundesamt für Strahlenschutz: Mögliche positive Wirkungen ionisierender Strahlung – Hormesis, 9.7.2018. Vgl. www.bfs.de

herigen wissenschaftlichen Erkenntnissen waren alle Evakuierungsmaßnahmen in Fukushima nicht nur überflüssig, sondern sogar schädlich.[26] Gesundheitsschäden erfolgten tatsächlich, aber nicht durch radioaktive Strahlung, sondern durch die psychische Belastung der Einwohner, die ihre Häuser und gewohnte Umgebung verloren, oder die über Nacht Krankenhäuser verlassen mussten. In Tschernobyl hat der durch diese Belastung verursachte Alkoholismus die meisten Todesopfer gefordert.

Der zweite hiermit verbundene Grund besteht darin, aus *Sicherheitsgründen* die zulässige Strahlenbelastung zu niedrig anzusetzen. Dies geht noch auf dem Kenntnisstand der 50er Jahre zurück und war auch damals von der Internationalen Strahlenschutzkommission (ICRP) nur als praktikable Vorsichtsmaßnahme für den Strahlenschutz, ausdrücklich nicht jedoch zur Abschätzung von Gesundheitsrisiken empfohlen worden.[27] Ein weiterer Grund schließlich liegt darin, dass es immer noch nicht genügend Langzeitstudien über die Wirkung schwacher radioaktiver Strahlung auf den menschlichen Organismus gibt.

Auf diesem mittlerweile 70 Jahre alten Kenntnisstand, der auch damals schon als vermutlich nicht korrekt eingestuft wurde, beruhen auch die teilweise absurden Sicherheitsmaßnahmen in Bezug auf die Lagerung radioaktiver Abfälle. Sicher sind viele Regeln vernünftig. Jedoch sind auch radioaktive Reststoffe letztendlich nicht viel Anderes als chemisch-toxische Abfälle. Bei Letzteren ist der eigenständige naturgesetzliche Zerfall jedoch nicht unbedingt garantiert, wie es bei radiotoxischen Abfällen der Fall ist. Doch trotz der hundertfachen Menge und der teilweise deutlich höheren Toxizität ist der Umgang mit ihnen in der Bevölkerung allgemein akzeptiert.

---

[26] Vgl. John E. Ten Hoeve, Mark Z. Jacobson: Worldwide health effects of the Fukushima Daiichi nuclear accident, Energy & Environmental Science, 9 (2012) 8743, 1.9.2012. http://dx.doi.org/10.1039/c2ee22019a

[27] Vgl. Die Empfehlungen der Internationalen Strahlenschutzkommission (ICRP), 103, Abs. 66, März 2007. www.icrp.org/docs/P103_German.pdf

Man kann heute die Toxizitäten radioaktiver Stoffe, also ihre „Giftigkeit“, überdies sehr gut abschätzen und sie ohne weiteres sicher endlagern. Im nächsten Abschnitt wird dieses Thema genauer behandelt. Dabei wird sich zeigen, dass tatsächlich nur ein sehr kleiner Anteil endzulagern ist. Aber selbst dieser ist nur eine Folge der unvollständigen Verbrennung in heutigen Kernkraftwerken und fällt bei zukünftigen Kernkraftkonzepten der Generation IV gar nicht erst an.

3.2 Was tun mit dem Atommüll?

Das erste, was man über radioaktive Strahler und damit auch über radioaktiven Abfall wissen muss, ist der Zusammenhang von Strahlungsstärke und Abklingzeit. Je stärker eine Substanz radioaktiv strahlt, umso kürzer ist ihre Abklingzeit und umgekehrt. Mit anderen Worten: Starke radioaktive Strahler klingen schnell ab, schwache Strahler langsam. Das aus schierer physikalischer Unkenntnis von Medien und Kernkraftgegnern oft beschworene Schreckgespenst *Hochradioaktiver Abfall über Millionen von Jahren* gibt es nicht. An Stelle der Abklingzeit wird technisch die *Halbwertszeit* verwendet. Das ist die Zeit, nach der die Strahlungsstärke um die Hälfte abgenommen hat. Sie ist unabhängig von der Anfangsstrahlungsstärke.

Wenn sich giftiger Sondermüll von selbst auflöst, sollte dies eigentlich ein Grund zur Freude sein. Hochtoxische Nebenprodukte der chemischen Industrie müssen auf ungewisse Zeit endgelagert werden. Denn sie lösen sich meistens leider nicht von selbst auf. Dies steht im Gegensatz zu „nuklearen Abfällen“, deren Zerfall (Auflösung) exakten physikalischen Gesetzen folgt. Anstatt diese einmalig positive und berechenbare Eigenschaft radiotoxischer Abfälle zu würdigen, betonen Kernkraftgegner ihre angeblich lange Lagerzeit. Hunderttausende Jahre soll nach viel klingen, ist aber im Vergleich zur vermutlich *unbegrenzten* Lagerzeit der meisten anderen Abfälle verschwindend wenig. Die hochtoxische Abfallmenge der Chemie macht zudem ein Tausendfaches der nuklearen Abfallmenge aus. Wegen ihrer langen Halbwertszeit strahlen die geologisch endzulagernden Stoffe grundsätzlich nur schwach.

Um nicht falsch verstanden zu werden: Radioaktiver Abfall ist keinesfalls harmlos. Es gibt aber weit gefährlichere Stoffe, mit denen der Mensch umzugehen gelernt hat. In der hessischen Untertagedeponie Herfa-Neurode, wo sich das größte chemische Giftlager der Welt befindet, lagern laut Wikipedia beispielsweise 220.000 Tonnen quecksilberhaltige, 127.000 Tonnen zyanidhaltige, 690.000 Tonnen dioxin- und furanhaltige sowie 83.000 Tonnen arsenhaltige Abfälle. Zum Vergleich: Das Plutoniumisotop Pu-239, welches zu 99,99 Prozent die Radiotoxizität langlebiger nuklearer Abfälle ausmacht, ist toxisch so gefährlich wie Blei, beim Eindringen in den Körper weniger gefährlich als Botox, Kurare oder Strychnin. Ein Szenario, wie es in den Körper gerät, ist bei Pu-239 freilich schwer vorstellbar. Die Menge der in Herfa-Neurode bereits jetzt eingelagerten hochtoxischen Chemikalien übersteigt übrigens die Menge an nuklearen Abfällen von ganz Deutschland um ein Hundert- bis Tausendfaches.

Nach Schätzungen des Bundesministeriums für Umwelt, Naturschutz, Bau und Reaktorsicherheit wird bei dem heutigen Ausstiegsszenario aus der Kernenergienutzung die Menge endzulagernder nuklearer Stoffe bis 2040 insgesamt auf nur etwa 10.000 Tonnen angestiegen sein.[28] In Fässern neben- und übereinandergestapelt ergibt das einen Würfel mit einer Kantenlänge von 27 Metern. Dies ist der nukleare Abfall der gesamten Geschichte der Bundesrepublik – kaum ein anderer Industriezweig produziert derart geringe Abfallmengen. Die Masse der allein jährlich in Umlauf gebrachten Batterien und Akkus ist ein Vielfaches, und die enthalten nicht geringe

[28] Nukleare Abfallprognose des Bundesministeriums für Umwelt, Naturschutz und nukleare Sicherheit, 12.8.2015. Vgl. www.bmub.bund.de/themen/atomenergie-strahlenschutz/nukleare-sicherheit/sicherheit-endlager/nationales-entsorgungsprogramm

Anteile an hochtoxischen Substanzen.[29] Die nukleare Abfallmenge könnte sogar noch viel geringer sein, denn der größte Teil davon, das Uran, muss nur deshalb mit eingelagert werden, weil dessen Abtrennung seit 2005 nach deutschem Atomgesetz nicht mehr erlaubt ist.[30] Technische Gründe sprechen nicht dagegen. Würde man das nützliche und radiologisch unbedenkliche Uran abtrennen, so verblieben für die Endlagerung lediglich 540 Tonnen an radiotoxischen Abfällen, eine Menge, die in Fässern mühelos in einen Würfel mit einer Kantenlänge von zehn Metern passt.

Die Zahlen lassen sich besser veranschaulichen, wenn man sie auf einen hypothetischen Verbraucher bezieht, der sein ganzes Leben lang seinen Strom nur aus Kernkraftwerken der heutigen Typen mit Wasser als Moderator bezogen hat, und zwar nicht nur den direkt verbrauchten auf seiner Stromrechnung, sondern auch den Strom, der ihm aus Industrieprodukten, Dienstleistungen und Verkehr zuzuordnen ist (kurz, der gesamte Stromverbrauch Deutschlands bezogen auf die Einwohnerzahl). Einen solchen rein nuklearen Verbraucher gibt es heute natürlich noch nicht, mit einer recht hohen Wahrscheinlichkeit aber in vielleicht 100 oder 200 Jahren (für die dann zur Verfügung stehenden Schnellspaltreaktoren trifft unser Beispiel nicht mehr zu, denn diese Anlagen erzeugen praktisch keinen Abfall mehr). Ferner sei angenommen, dass, wie oben erwähnt, das unbedenkliche Uran tatsächlich abgetrennt wird. Die Menge an radioaktivem Abfall über eine Lebensspanne dieses Verbrauchers von 80 Jahren ist dann erstaunlich klein. Es sind lediglich **80 Gramm**, die endzulagern sind.

Heutige Kernreaktoren haben allerdings eine unangenehme Eigenschaft: Sie erzeugen auch noch Plutonium und die sogenannten minoren Aktiniden. Dieses Material ist im Prinzip spaltbar und damit nutzbar, nicht jedoch in den heutigen Kernreaktoren mit Wasser als

[29] Umweltbundesamt: Umwelttipps für den Alltag. Batterien und Akkus, 18.12.2015. Vgl. www.umweltbundesamt.de

[30] Atomgesetz, §7 (1), §9a.

Moderator. Es ist eine maßgebende Eigenschaft der nächsten Generation von Kernkraftwerken, dass die meisten dieser Reaktoren auch diese Stoffe nutzen können (s. nächstes Kapitel). Einstweilen müssen wir diese Stoffe aber auch als Abfälle betrachten. Die Menge beträgt gut **20 Gramm**, so dass sich unsere Lebenszeit-Abfallmenge insgesamt auf 100 Gramm beläuft. Wir wollen sie als nukleare „Schokoladentafel" bezeichnen.

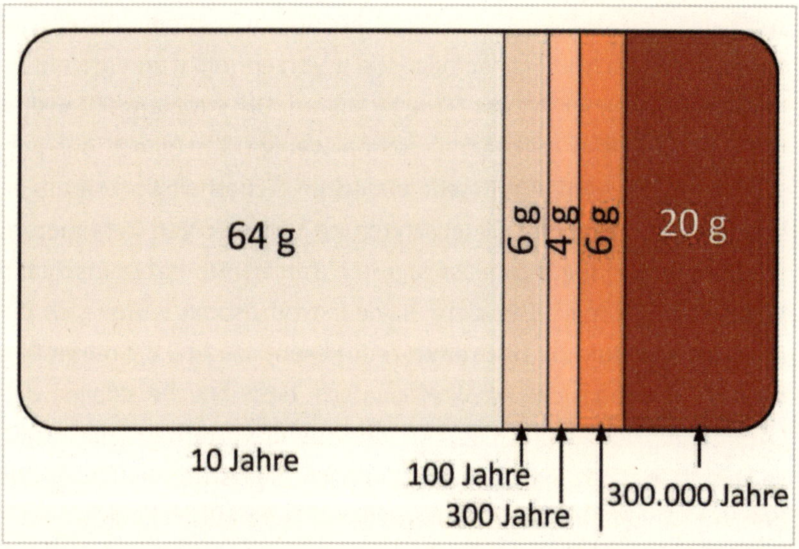

Abb. 3.2: Die nukleare Schokoladentafel von 100 Gramm, die aus der Stromversorgung eines Menschen über seine gesamte Lebenszeit als Abfall zurückbleibt – je roter desto langlebiger. Sechs Gramm der Spaltprodukte leben zwar 30.000 Jahre, sind in der Toxizität jedoch tausendfach harmloser als die 20 Gramm Plutonium, die somit das geologische Endlagerproblem dominieren.

Abbildung 3.2 zeigt die Zusammensetzung der nuklearen „Schokoladentafel" von einhundert Gramm wenige Jahre nach der Entnahme aus dem Reaktor. Die meisten Spaltprodukte sind dann bereits zerfallen, nur noch 16 Gramm zeigen eine nennenswerte Aktivität – wir betrachten die 20 Gramm Plutonium gesondert. Nach 100 Jahren sind es nur noch zehn Gramm, nach 300 Jahren nur noch sechs Gramm, welche dann allerdings langlebig (einige 10.000 Jahre) sind, dafür aber nur von sehr geringer Radiotoxizität. Nur 20 Gramm Plutonium dominieren damit das nukleare Endlagerproblem über Hundertausende von Jahren.

Wie gefährlich ist nun unsere nukleare Schokoladentafel? Dies ändert sich natürlich stetig, denn die Radioaktivität lässt ja mit der Zeit nach. Und sie hängt auch davon ab, was man mit ihr anstellt. Im Gegensatz zu echter Schokolade ist ein Verzehr nicht zu empfehlen. Man kann sich aber in ihrer Nähe aufhalten. Die Strahlungsintensität der Komponenten ist bekannt, schon wenige Jahre nach der Entnahme ist die Menge mit sehr einfachen Sicherheitsvorkehrungen handhabbar. Mit einer Bleiabschirmung von wenigen Zentimetern könnte man sie sogar zuhause lagern.[31] Tatsächlich hat Deutschland heute (2016)[32] nur 13 Prozent Nuklearstrom, somit würde sich die Menge sogar auf nur **13 Gramm** reduzieren, davon 2,6 Gramm Plutonium. Die oft von Kernkraftgegnern bemühte Persiflage, den „Atommüll“ doch einfach den Kernkraftbefürwortern mit nach Hause zu geben, läuft ins Leere. Die Autoren dieses Buches hätten bei dem hier angenommenen Szenario damit jedenfalls kein Problem.

Zu diesen 13 Gramm kommt nun allerdings noch die 20-fache Menge unbedenklichen Urans hinzu, das ebenfalls in den Brennelementen steckt. Seit im deutschen Atomgesetz aber ein Verbot der Wiederaufbereitung eingebaut wurde, darf dieses Uran nicht mehr abgetrennt werden, so dass tatsächlich 260 Gramm pro Bundesbürger endzulagern sind. Nur wegen der darin enthaltenen 2,6 Gramm Plutonium muss schließlich eine Endlagerung über geologische Zeiträume erfolgen. Die 2014 von Bundestag und Bundesrat eingerichtete Endlagerkommission diskutiert also im Wesentlichen

---

[31] Um es konkreter zu formulieren: Ohne Abschirmung würde man in einem Meter Abstand in 10-20 Minuten die Dosis eines Ganzkörpder-CT-Scans erhalten. Siehe Kap. 3.1, Abb. 3.1.

[32] Nuklearstromanteil Deutschlands laut www.statista.de

das Problem: Wohin mit den 2,6 Gramm Plutonium pro Bundesbürger? „Schon im nächsten Jahrhundert“ will man dieses Problem gelöst haben. Nicht nur beim Betrieb von Kernkraftwerken, sondern insbesondere bei der Endlagerung des radioaktiven Abfalls gehen Anti-Kernkraftpropaganda und die Fakten extrem auseinander. Die oft zu hörende Vermutung, dass maßgebende politische Gruppen das Atommüllproblem (welches real gar keines ist) künstlich durch immer weitere Endlagersuchen und die dafür angestrengten geologischen Gutachten für ihre Zwecke unbegrenzt am „köcheln“ zu halten suchen, ist nicht von der Hand zu weisen.

3.3 Ohne Brennstoff läuft überhaupt nichts

Im vorhergehenden Abschnitt wurde gezeigt, dass sich die eigentliche nukleare Abfallmenge für die gesamte Lebensspanne eines voll nuklearen Stromverbrauchers auf nur 80 Gramm beläuft, die Brennelemente tatsächlich jedoch die 20-fache Menge an prinzipiell spaltbarem Material (Uran) enthalten. Man kann es auch umgekehrt ausdrücken: Heutige Reaktoren nutzen wegen der verbotenen Uranabtrennung nur etwa fünf Prozent des Urans im Brennelement, obwohl die restlichen 95 Prozent prinzipiell als Brennstoff wiederverwendet werden könnten. Warum das heutige Reaktoren nicht können, zukünftige der Generation IV aber schon, wird in Kapitel 4.2 erklärt. Außerdem produzieren heutige Reaktoren ungewollt Plutonium, zwar nur in geringen Mengen (20 Gramm), aber zu viel, um eine nukleare Endlagerung überflüssig zu machen. Auch dieses Problem haben einige der zukünftigen Konzepte nicht. Die Ursache ist in beiden Fällen eine unvollständige Verbrennung, vergleichbar mit dem Köhlern in einem Kohlenmeiler. Insofern ist der oft abschätzig gebrauchte Begriff „Atommeiler“ gar nicht so falsch.

Wie schon eingangs in Abschnitt 3 erwähnt muss man aber das im Natururan nur gering vorhandene Isotop U-235 wieder konzentrieren, um es für heutige Reaktoren als Brennstoff tauglich zu machen, man muss es *anreichern*. Das funktioniert nicht auf chemischem Wege, denn Isotope weisen in dieser Hinsicht keine Unterschiede auf – man kann sie nur auf physikalischem Wege aufgrund ihres Massenunterschiedes bearbeiten. Die heute übliche Methode ist dabei das Zentrifugenverfahren, bei dem sich das schwerere Uran-238 weiter außen ansammelt und in mehreren Schritten immer wieder „abgeschöpft" wird. Der Aufwand dieses Verfahrens ist immens und benötigt ein Vielfaches an Natururan. Für eine Tonne (angereichertes) Reaktoruran werden grob zehn Tonnen Natururan benötigt, so dass neun Tonnen an ungenutztem *abgereichertem* Uran verbleiben. Dieses wäre, wie erwähnt, in Prinzip spaltbar, nicht jedoch in den heutigen thermischen Reaktoren. Warum das so ist, und wie die zukünftigen Kernkraftwerke dieses Problem lösen, wird in Kapitel 4.1 dargestellt.

Kommen wir jedoch noch einmal auf den hypothetischen Verbraucher mit 100 Prozent Nuklearstrom zurück. Zu den 80 Gramm über seine Lebenszeit tatsächlich verbrauchten Urans (jetzt Spaltprodukte) gesellte sich bereits die 20-fache Menge, also 1,5 Kilogramm, größtenteils ungenutzten Reaktorurans. Diesen entsprechen nun aber durch die Anreicherung grob *15 Kilogramm Natururan*. So viel muss für unseren „Nuklearbürger" tatsächlich gefördert werden, obwohl er weniger als ein Prozent davon tatsächlich nutzt.

Dies ist wahrlich keine große Ausbeute! Nochmals: Nur zehn Prozent des geförderten Natururans werden zu brauchbarem Reaktoruran verarbeitet, und nur fünf Prozent davon werden tatsächlich verbrannt. Unter dem Strich werden somit in den heutigen Reaktoren weniger als ein Prozent des geförderten Natururans genutzt. Das kann heute bereits viel besser gemacht werden. Sogar eine praktisch *hundertprozentige Nutzung des Natururans* ist möglich, wie wir im Abschnitt 4 zeigen werden.

Verglichen mit einem Kohlekraftwerk, das für die gleiche Strommenge die zwanzigtausendfache Menge an Brennstoff benötigen würde, ist die Ausbeute jedoch immer noch sehr gut. Dieser enorme Faktor wird auch häufig vergessen, wenn auf die Arbeit in Uranminen hingewiesen wird: Die benötigten Uranmengen sind derartig gering, dass eine regelmäßige Förderung kaum möglich ist. Sie lassen sich sehr leicht für Jahrzehnte bevorraten und garantieren damit wirtschaftliche Unabhängigkeit. Die Standards in modernen Uranminen, die sich überwiegend in Ländern wie Australien und Kanada befinden, werden somit ohne große wirtschaftliche Einbußen heute sehr hoch angesetzt.

Dies war nicht immer der Fall. Die Arbeit unter Tage ist allgemein, nicht nur bei Uranförderung, geprägt durch schlechte Luft und große körperliche Belastung. In den Minen der Wismut AG der ehemaligen DDR wurde nach dem zweiten Weltkrieg, aber teilweise auch noch später, aus Mangel an Ausrüstung auf das Nassbohren verzichtet. Die Folge waren über zehntausend Fälle einer *Quarzstaublunge*. Ferner vermutet man durch die hohe Radon-Belastung auch eine Verursachung von Lungenkrebs. Auch wenn mehrere Studien erhöhte Fallzahlen durch die Arbeit in den Wismut-Minen nachgewiesen haben, so ist der Zusammenhang mit der Radioaktivität nicht belegbar. Dies liegt schlicht an den vielen Zusatzbelastungen, denen Minenarbeiter immer ausgesetzt sind. Die Ursachen zu trennen, ist praktisch unmöglich, wie eine Übersicht von UNSCEAR zeigt.[33]

3.4 Wie lange reichen die Nuklearbrennstoffe noch?

Vergleichen wir die Zahlen des Uranverbrauchs jetzt einmal mit den Vorkommen. Der Verbrauch eines Menschen bei hypothetischer Vollversorgung mit Uranstrom und dem heutigen Prozedere des Betriebs und der Brennstoffbehandlung beträgt, wie erwähnt, 15 Kilo-

---

[33] Vgl. UNSCEAR 2006 Report: Effects of Ionizing Radiation, Volume II, Annex E. Die Übersicht zeigt, dass ein Zusammenhang der Berufserkrankungen mit ionisierender Strahlung nicht belegt werden kann.
www.unscear.org/docs/reports/2006/09-81160_Report_Annex_E_2006_Web.pdf

gramm Natururan in 80 Jahren, also etwa 0,2 Kilogramm/Jahr. Geht man von heutigen Uranpreisen von etwa 100 Euro pro Kilogramm aus, so kann man bei den aktuellen Vorkommen noch 5,4 Millionen Tonnen kostendeckend fördern. Dies entspricht dann etwa 28 Milliarden Personenjahren. Eine voll nukleare Stromversorgung von sieben Milliarden Menschen könnte damit gerade einmal vier Jahre durchgeführt werden. Tatsächlich ist der weltweite Durchschnittsverbrauch an Elektrizität nur ein Viertel von dem in Deutschland, und nur 16 Prozent werden nuklear erzeugt, so dass bei einem „Business as usual" die Vorräte 100 Jahre halten würden. Diese Zeitspanne, irgendetwas zwischen 4 und 100 Jahren, ist von Kernkraftgegnern oft als Argument der ohnehin zwangsweisen Aufgabe der Kernenergienutzung infolge Brennstofferschöpfung zu hören.

Könnte man jedoch die restlichen 99 Prozent des Urans nutzen, die bei den heutigen Reaktoren wie oben gezeigt nichts mit der Stromerzeugung des Reaktors zu tun haben, so würde sich die Brennstoffreichweite auf 10.000 Jahre erhöhen. Auch arbeiten heutige Reaktoren bei relativ niedrigen Temperaturen und haben deshalb nur einen elektrischen Wirkungsgrad von 35 Prozent. Moderne Gaskraftwerke erreichen da bereits 60 Prozent, und es gibt kein physikalisches Prinzip, das eine Steigerung des Wirkungsgrads auch bei Kernkraftwerken verbietet. Eine weitere Verdopplung der Reichweite ist also nicht unrealistisch. Man sieht also, dass die Ausnutzung des Urans eine wesentliche Rolle spielt. Dass thermische Reaktoren nur weniger als ein Prozent nutzen, ist prinzipbedingt und kann sich bei diesen Reaktortypen kaum steigern lassen.

Bei zukünftigen Kernkraftwerken, die es als Prototypen zum größten Teil bereits gibt oder sogar gab, sieht die Situation dagegen ganz anders aus. Die meisten von ihnen arbeiten mit einem schnellen Neutronenspektrum und können somit das gesamte Uran nutzen. Einige von ihnen haben auch eine höhere Betriebstemperatur und können somit den Wirkungsgrad erheblich steigern. Schon mit diesen Prototypen würde sich die Reichweite des Urans auf 20.000 Jahre erhöhen, wenn man von einer Wirkungsgradverdoppelung ausgeht. Bei einer derart effektiven Nutzung spielen die Brennstoffkosten nur noch eine untergeordnete Rolle. Man kann dann Uran auch aus Meerwasser extrahieren, was die Förderkosten nur etwa verdreifacht, aber vieltausendfach größere Ressourcen erschließt.

Die Brennstoffreichweite würde sich dabei auf hunderte Millionen Jahre erhöhen!

Als Argument gegen Kernkraft sind die zu geringen Uranvorkommen daher nicht geeignet. Wir haben nämlich gesehen, dass die Brennstoffreichweite vom Verbrauchs-Szenario und von den Reaktortypen abhängt. Die Argumentation bei solchen Diskussionen wird dabei sogar oft noch auf den Kopf gestellt: Kernkraftgegner führen *wenige Jahre* an, nehmen dabei aber ein nukleares Vollversorgungsszenario an, das sie selber gar nicht wollen. Befürworter zitieren gerne die *100 Jahre*, nehmen dabei aber implizit das heutige Szenario mit nur magerem nuklearem Ausbau an, den sie ja gerne erhöhen wollen. Dabei ist hier alles sehr einfach: Das zentrale Problem ist die viel zu schlechte Ressourcennutzung heutiger Reaktortypen. Es ist ein Problem, nach dessen Lösung man nicht mehr zu suchen braucht. Diese Lösungen existieren nämlich bereits seit längerer Zeit als real laufende Prototypen und Demonstrationsanlagen. Daher kann als Fazit gezogen werden, dass *ein weiterer Ausbau der Kernenergienutzung mit den heutigen Kernkraftwerkstypen und ihrer schlechten Urannutzung in keinem Falle sinnvoll ist*. Wenn aber alles so einfach aussieht: warum werden die neuen Kernkraftwerkstypen nicht schon weltweit im Großmaßstab betrieben und haben längst Kohle und Gas ersetzt? Antworten auf diese Frage liefern die nächsten Kapitel.

3.5 Sicherheit hat ihren Preis

Heutige Kernreaktoren arbeiten mit festen Brennelementen, die oft Jahre im Reaktordruckgefäß verbleiben. Die „Asche" des nuklearen Brennprozesses, die *Spaltprodukte*, häufen sich dabei in den Brennstäben an – je länger der Reaktor lief, desto mehr. Der größte Teil davon ist anfangs hochradioaktiv, zerfällt damit aber auch sehr schnell und entwickelt dabei Wärme, aber leider auch dann, wenn der Reaktor längst ausgeschaltet wurde. Diese Wärmeenergie wird als *Restzerfallswärme* bezeichnet. Sie beträgt anfangs nach dem Abschalten etwa ein Zehntel der Reaktorleistung und klingt innerhalb von Wochen bis Monaten auf ein Niveau ab, das ohne aktive Maßnahmen handhabbar ist. Wird in der „heißen" Phase davor der Reaktor nicht gekühlt, können die Brennelemente beschädigt werden, im schlimmsten Falle sogar das Reaktorkerngefäß selber. Man redet dann von einer *Kernschmelze*, womit ein Schmelzen des Reaktorkerngefäßes, nicht aber irgendein Vorgang der Atomkerne gemeint ist; die Wortgleichheit *Kern* ist hier rein zufällig.

Auch wenn es in den Medien oft gegenteilig dargestellt wird: Die Beherrschung der Restzerfallswärme ist nicht „Lotto", sondern ein exakt bekannter und vorhersehbarer Prozess, der in der Auslegung heutiger Kernkraftwerke eingeplant ist. Vermutlich zigtausende Mannjahre an Sicherheitsforschung stecken in Verbesserungen der Auslegung. Das gesamte Design eines Reaktors dreht sich um diesen „Auslegungsfall", wie die konstruktiv-technische Bezeichnung eigentlich lautet. Alle Konzepte sehen hier redundante Sicherheitsbarrieren bei bewusst verschiedenen Realisierungen vor. Selbst wenn diese versagen sollten, bleibt immer noch die Betonummantelung des Gebäudes, das den geschmolzenen Reaktorkern auffängt und nicht nach außen dringen lässt. Die absurde Vorstellung, dass sich der geschmolzene Reaktorkern durch seine Wärmeentwicklung „unaufhaltsam in den Erdboden frisst", war die Grundlage des Endes der 70er Jahre erschienenen Hollywood-Streifens „Das China-

Syndrom“. So erfolgreich und spannend der Film war, so wenig fehlte ihm der Bezug zur Realität.

Der Zufall wollte es aber, dass fast zeitgleich mit der Premiere des Films tatsächlich in den USA die erste Kernschmelze der Geschichte an einem kommerziellen Leistungsreaktor erfolgte, verursacht durch eine Kette von Nachlässigkeiten, Fehlbedienungen und unzureichender Personalschulung. An einem der „Three Miles Island“ Reaktoren bei Harrisburg sah man, was in so einem Fall tatsächlich passiert: an Sicherheitsrelevantem für die Bevölkerung gar nichts. Die Kernschmelze wurde von den Mitarbeitern zunächst nicht einmal bemerkt, anschließend empfahl man der umgebenden Bevölkerung eine freiwillige vorsorgliche Evakuierung. Die Hälfte kam der Aufforderung nach, kehrte nach wenigen Wochen aber wieder zurück. Zu Schaden kam niemand. Hinzu kommt, dass durch die starke Vernetzung und Kontrolle durch die Internationale Atomenergiebehörde IAEA solche Vorgänge genauestens analysiert werden und Konsequenzen für das Design weiterer Reaktortypen haben – eine Vorgehensweise, die es in kaum einem anderen Industriezweig gibt.[34]

Die Kernschmelze bei Harrisburg 1979 soll hier keineswegs verharmlost werden. Solche Vorfälle sind sehr ernst zu nehmen und sollten unmittelbar zu einer Verbesserung der Sicherheitsvorschriften führen. Dies allein schon im Interesse des Betreibers, der in Harrisburg einen Totalschaden des Reaktors hinnehmen musste. Man sollte sich aber von der Vorstellung trennen, diese Situation sei *gerade nochmal gutgegangen*. Dass es keine Verletzten gab war kein Zufall, sondern das Ergebnis sorgfältig geplanter Auslegungen, die natürlich auch eine Menge Geld kosten. Notabschaltsysteme, redundante Kühlsysteme, Notstromversorgung und schließlich, falls all

---

[34] Sicherheitsregeln auf der Webseite der Internationalen Atomenergiebehörde IAEA: Establishing the Safety Infrastructure. Safety Guide on establishing the safety infrastructure for a nuclear power programme (SSG-16). Vgl. www-ns.iaea.org, 26.9.2018.

das versagt, dicke Betonummantelungen mit Kontaminationsfiltern und Wasserstoffabsorbern.

All dies ist zwar bestens wirksam, aber eben auch nicht gerade billig. Werden dagegen an diesen bekannten Sicherheitskonzepten aus Kostengründen Abstriche gemacht, wie es bei dem havarierten Kraftwerk in Fukushima der Fall war, können die Folgen mit extremen Kosten und politischen Turbulenzen verbunden sein. Schauen wir uns daher an, was in Fukushima passierte.

Zunächst ist angesichts der bei jedem Jahrestag des Unglücks im deutschen Fernsehen verbreiteten Horrorszenarien zu betonen, dass bei der Havarie des Kernkraftwerks kein einziger Mensch durch Radioaktivität zu Schaden kam. Als Folge eines in historischem Maßstab extrem starken Tsunamis im Jahr 2011 fiel die gesamte Infrastruktur der betroffenen Region aus und kostete etwa 20.000 Küstenbewohnern das Leben. Verursacht durch die eindringende Flutwelle trat an drei Reaktorblöcken des japanischen Kernkraftwerks Fukushima-Daiichi der zweite sehr schwere und soweit letzte Kernschmelzeunfall an einem kommerziellen Kernreaktor auf. Trotz des umgebenden Chaos liefen die Vorgänge am Kernkraftwerk nach einem kontrollierten Unfallplan ab, wieder ganz im Gegensatz zur Darstellung vor allem in den hiesigen Medien. Dass dennoch Radioaktivität freigesetzt wurde, lag an einer kontrollierten Druckreduzierung infolge der ausgefallenen Notkühlung, kombiniert mit fehlenden Filtern für radioaktive Partikel, sogenannten Wallmann-Ventilen, die in Deutschland bereits seit den 80er Jahren Vorschrift sind.

Dennoch hat die Freisetzung von Radioaktivität zu keinen gesundheitlichen Beeinträchtigungen von Bedienungspersonal oder gar Bevölkerung geführt. Das Kernkraftwerksunglück von Fukushima ist der Nachlässigkeit des Betreibers anzulasten. Mit ausreichend hohen Schutzmauern gegen Tsunamiereignisse wäre überhaupt nichts passiert. Zudem entsprachen die Sicherheitseinrichtungen nicht dem Stand der Technik. So waren die Kühlwasserpumpen unzureichend verankert, und es fehlten die oben erwähnten Filter. Das Bedienungspersonal war dagegen gut geschult und ging mit der Havarie fast fehlerfrei um. Auch in der Vergangenheit, vor allem in den 50er und 60er Jahren, gab es mehrere Kernschmelzeunfälle mit Versuchsreaktoren. Niemals kam dabei jedoch ein Mensch infolge von Radioaktivität zu Schaden.

Ganz im Gegensatz zu all diesen bekannten und begutachteten Fakten missbrauchte selbst noch zwei Jahre danach, am 11. März 2013, der Tagesschau-Sprecher Thorsten Schröder zusammen mit seiner Redaktion die Tsunamiopfer, indem er durch gezielte Wortwahl suggerierte, sie seien allesamt durch die Reaktorhavarie umgekommen. Originalton: *Ein Beben der Stärke 9 hatte den Nordosten des Landes erschüttert und eine Tsunamiwelle ausgelöst. In der Folge kam es zu einem Reaktorunfall im Kernkraftwerk Fukushima. Fast 16.000 Menschen starben*. Sofortige und heftige Kritik vieler Fachleute wurde von Herrn Schröder folgendermaßen beantwortet: *wenn sich die 16.000 nur auf die Reaktorkatastrophe beziehen würden, wie Sie es unterstellen, wo sind dann die Opfer der Erdbeben- und Tsunamikatastrophe geblieben, von der im ersten und somit wichtigsten Satz der Meldung die Rede ist??? Dann würde das heißen, dass es Null Opfer gegeben hat infolge der Erdbeben- und Tsunamikatastrophe. Die Japaner gedenken also der nicht vorhandenen Opfer der Erdbeben- und Tsunamikatastrophe? Wäre merkwürdig, oder?* Die Formulierung wurde somit nicht geändert und den gesamten Tag über wiederholt. Ob hier nur Nachlässigkeit bei der irrtumsträchtigen Satzanordnung im Spiel war? Schwer vorstellbar, bei einem so brisanten, emotionalen Thema wie der Kernenergie im heutigen Deutschland.

Eine Kernschmelze ist jedenfalls keineswegs ein *unbeherrschbarer Vorgang*. Trotz mehrmaligen Eintretens wurde dabei noch nie ein Mensch durch Strahlung gefährdet. Dennoch erzeugt die Vorstellung bei vielen Leuten Angst oder zumindest das ungute Gefühl, dass zur Beherrschung einer Kernschmelze oder anderer Störfälle *aktive* Sicherheitssysteme verwendet werden müssen, wie automatisches Einschalten über Schaltkreise, die komplex sein können und ihrerseits in der Regel nicht ohne Stromversorgung auskommen. Dies steht im Gegensatz zu *passiven* Systemen, die aufgrund einfacher physikalischer Gesetze unter allen Umständen von selbst funktionieren. Heutige Reaktoren sind auch mit solchen passiven Eigenschaften ausgestattet. Bestes Beispiel ist das Prinzip des wassermoderierten Reaktors selbst, das bereits erwähnt wurde: Bei Überhitzung verdampft das Wasser, die Neutronen werden nicht mehr moderiert, und der Reaktor geht aus. Auch die erwähnte letzte Barriere, die auf eine Kernschmelze ausgelegte Betonummantelung, arbeitet passiv, wenn auch etwas grobschlächtig. In den letzten Jahrzehnten hat hier ein Paradigmenwechsel in der Sicherheitsphilosophie stattgefunden, und *inhärente passive Sicherheit* ist mittlerweile zum Prinzip jeder Reaktorneuentwicklung geworden. Aber auch bei alten Reaktortypen wird stetig nachgebessert. Kernschmelzen zu vermeiden und zu beherrschen, bestimmt fast die gesamte Sicherheitsauslegung eines heutigen Reaktors.

Ein weiteres Gefahrenszenario ist der *Kritikalitätsunfall*. Bei diesem produziert der Reaktor im Betrieb unkontrolliert immer mehr Leistung. Auch dies führt zur Überhitzung, bis schließlich Strukturmaterialien zerstört werden. Davon ist auch der Reaktorkern betroffen, aber man redet hier nicht von einer Kernschmelze. Wie bereits erläutert, ist der Kritikalitätsunfall bei wassermoderierten Reaktoren inhärent ausgeschlossen. Nur die russischen Reaktoren vom Typ RBMK arbeiten noch mit Graphit als Moderator und sind deshalb anfällig für diese Art Unfall, wie es sich bei der Tschernobyl-Katastrophe eindrucksvoll bestätigte. Ein Vergleich mit wassermoderierten Reaktoren, wie sie in der gesamten westlichen Welt eingesetzt werden, verbietet sich somit gänzlich, auch wenn ideologisch geprägte Kernkraftgegner von diesen Unterschieden natürlich nichts wissen wollen. Wenn ein Benzinauto explodieren kann, so gilt das nach deren Willen natürlich auch für eine elektrische Straßenbahn.

Dass eine Kernschmelze überhaupt möglich ist, liegt an der eingangs erwähnten Verwendung fester Brennelemente. In diesen häufen sich immer mehr wärmeentwickelnde Spaltprodukte an. Dies ist ein prinzipbedingtes Manko heutiger Reaktoren, welches zwar, wie oben gezeigt, nicht zur Unbeherrschbarkeit führt, aber grundsätzlich mit hohem technischen Aufwand und hohen Kosten verbunden ist. Trotzdem wäre es natürlich eleganter und politisch besser zu vermitteln, wenn eine Kernschmelze von vornherein physikalisch ausgeschlossen wäre. Leider basieren auch fast alle zukünftigen Kernkraftkonzepte wieder auf festen Brennelementen.

Der *Flüssigsalzreaktor* sowie der neue *Dual-Fluid-Reaktor* sind hier die einzigen Ausnahmen, denn sie gestatten es, kontinuierlich im Betrieb die Spaltprodukte aus dem Reaktorkern zu entfernen. Wir widmen diesen Systemen deshalb jeweils einen eigenen Abschnitt (s. Kap. 4.5 und 4.7).

Die einzige Möglichkeit, bei heutigen Reaktortypen mit festen Brennelementen eine Kernschmelze inhärent auszuschließen, besteht in einer Reduktion der Leistungsdichte. In den USA werden deshalb *kleine Modulare Reaktoren* (Small Modular Reactor, SMR) zur Zeit stark gefördert (s. Kap. 4.8). Sie arbeiten wie normale Druckwasserreaktoren. Eine Kernschmelze ist wegen ihrer geringen Größe zwar ausgeschlossen, wirtschaftliche Konkurrenzfähigkeit allerdings mit hoher Wahrscheinlichkeit auch.

3.6 Nur Wirtschaftlichkeit und Sicherheit zählen

Wie schon öfters erwähnt, wird bei der Spaltung eines Urankerns die *hundertmillionenfache* Energie im Vergleich zur Verbrennung eines Kohlenstoffatoms frei. Allerdings sind Urankerne erheblich schwerer: Vergleicht man eine Tonne Uran mit einer Tonne Kohle, so ist das Verhältnis der Energiedichten aber immerhin noch 5 Millionen. In Abschnitt 2.4 haben wir jedoch gesehen, dass die Effizienz von Kernkraft, ausgedrückt durch den energetischen Erntefaktor, gerade einmal doppelt so groß wie die von Kohlekraft ist. Warum ist Strom aus Kernenergie eigentlich nicht fünfmillionenmal billiger als der aus Kohle?

Hier macht uns die in Kapitel 2.4 erwähnte *graue Energie* einen Strich durch die Rechnung, denn man muss Einiges tun, um Kernenergie nutzbar machen zu können. Allem voran steht die Brennstoffförderung. Ein Stück Kohle gräbt man aus und wirft es in den Ofen. Die Natur hat hier bereits vorsortiert, weil abgestorbene Pflanzen sich kaum mit Gestein mischen. Ganz anders sieht es bei Uran aus, welches sich bereits im flüssigen Gestein befand, als die Erde sich formte. Nicht nur seine Konzentration ist viel geringer, sondern es ist auch eine aufwendige Abtrennung vom übrigen Gestein notwendig. Der Förderaufwand ist dementsprechend um mehr als das Hunderttausendfache größer. Bereits durch die hohen Förderkosten wird der Erntefaktor eines Kernkraftwerks auf den Wert 10.000 beschränkt, der sich nur überschreiten ließe, wenn das fertige Uran vom Himmel regnen würde.

Dennoch hat der Erntefaktor heutiger Leichtwasserreaktoren einen Wert von nur knapp 80, ist also mehr als einen Faktor 100 zu „schlecht“. Was sind die Ursachen dafür? Abbildung 3.3 zeigt die Anteile der relevanten energetischen Kostenfaktoren eines heutigen Kernkraftwerks. Die Anreicherung macht offensichtlich den größten Anteil aus. Allein die vollständige Umstellung (bisher 87 Prozent) auf das heute übliche Zentrifugenverfahren würde die Anreicherungskosten auf ein Zehntel schrumpfen, bei Anwendung des modernen Laser-Verfahrens sogar vernachlässigbar werden lassen.

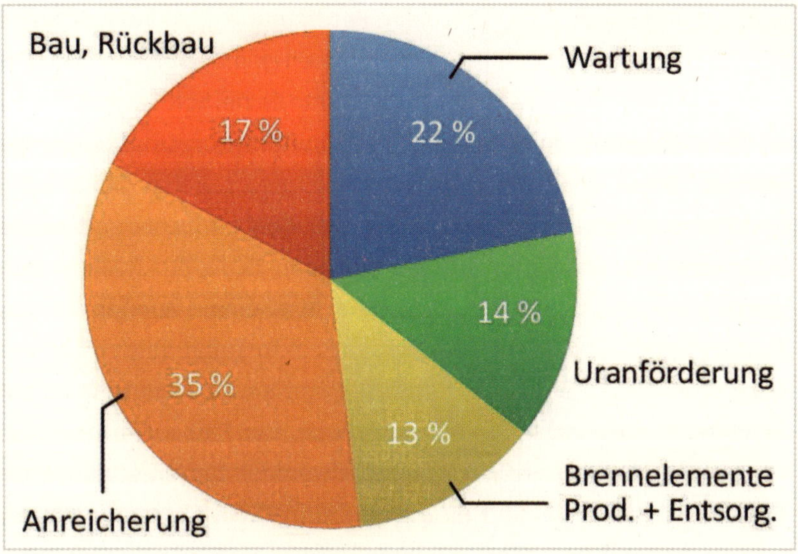

Abb. 3.3: Energetische Kostenfaktoren eines heutigen Kernkraftwerks nach Weißbach et al. Die Basisdaten sind die gleichen wie für die Kernenergie in Abbildung 2.1 (Kap. 2.4).

Dies würde den Erntefaktor jedoch nur auf etwa 120 anheben, denn die restlichen Kosten bleiben bestehen. Sie teilen sich zu etwa gleichen Teilen auf Betrieb (Wartung), Bau und Rückbau, Uranförderung und Brennelementefertigung auf. Die Kosten für Betrieb und Bau sind eine Folge der zu geringen Leistungsdichte, die für Uranförderung und Brennelementefertigung eine Folge der bereits erwähnten schlechten Brennstoffnutzung.

Betrachten wir zunächst die Bau- und Wartungskosten. Dazu sollte man eine Vorstellung der Größe eines modernen Druckwasserreaktors haben. Nach einer Pause von vielen Jahren wurde 2003 erstmals wieder der Bau eines neuen Kernreaktors beschlossen, und zwar im finnischen Olkiluoto. Ein moderner Druckwasserreaktor vom Typ EPR (*Evolutionary Power Reactor*) auf dem neusten Sicherheitsstand sollte es sein. Ende 2005 begann der Bau mit einem gewaltigen Aufwand: 200.000 Tonnen Beton und 40.000 Tonnen Stahl, vier unabhängige Notkühlsysteme, doppeltes meterdickes Containment, Core-Catcher usw. sollen für erhöhte Sicherheit sorgen.[35]

Der EPR gehört zu Generation III+ von normalen Druckwasserreaktoren. Diese sind aber inzwischen mit derart vielen Sicherheitsfeatures und Redundanzen ausgestattet, dass ein Schaden des Reaktorkerns statistisch nur alle 1,6 Millionen Jahre pro Reaktor auftreten kann. Selbst dieser muss noch nicht zu einem nennenswerten Austritt von Radioaktivität führen. Das Reaktorgebäude ist 64 Meter hoch und hat 57 Meter Durchmesser, nicht eingerechnet die umgebenden Service- und Verwaltungsgebäude. Der Bau sollte ursprünglich drei Milliarden Euro kosten und in wenigen Jahren schlüsselfertig sein. Mittlerweile sind die Kosten auf acht Milliarden Euro gestiegen, und mit einer Fertigstellung ist nicht vor 2018 zu rechnen – 13 Jahre nach dem ersten Spatenstich. Ein Grund für diese enormen Verzögerungen und Kostensteigerungen war sicher die verlorengegangene Erfahrung im Reaktorbau infolge der langen Pause. Es ist inzwischen aber auch klar, dass ein EPR kaum Spielraum für Kostensenkungen lässt. Pro installiertem Watt sinken die Baukosten kaum unter zwei Euro pro Watt, während Gaskraftwerke schon für die Hälfte zu haben sind. Die Betriebskosten des Kernreaktors sind dann zwar erheblich geringer, aber die hohen Investitionskosten und oft langen Bau- und Genehmigungszeiten schrecken Investoren ab. Die Wartungskosten schließlich werden durch den enormen Stromverbrauch während dieser Leerlaufzeiten dominiert. Die Restzerfallswärme muss ständig durch Hochleistungspumpen abgeführt werden, ohne dass das Kraftwerk selbst Strom produziert. Durch ei-

---

[35] Ein ausführlicher Bericht ist hier zu finden: Dirk Ostermann, Christian Krumb, Burkhard Wienand: The Inner Containment of an EPR Pressurized Water Reactor, atw – International Journal for Nuclear Power, Vol. 59 (2014) Issue 8/9, August/September 2014.
Vgl. www.kernenergie.de/kernenergie-wAssets/docs/fachzeitschrift-atw/2014/atw2014_0809_ostermann-epr.pdf

ne verbesserte passive Wärmeabfuhr könnten hier eine Menge Kosten gespart werden.

Kaum sparen kann man jedoch bei der Uranförderung und Brennelementefertigung. Sie werden durch die in den Abschnitten 3.2 und 3.3 bereits erwähnte ineffektive Nutzung des Uranbrennstoffs verursacht. Gelangen nur zehn Prozent des geförderten Urans in die Brennelemente, und werden nur fünf Prozent des Urans in den Brennelementen tatsächlich genutzt, so werden diese beiden Prozesse zu kostenbestimmenden Faktoren in der Produktionskette. Hier lässt sich prinzipbedingt nur wenig einsparen, da feste Brennelemente bei heutigen Reaktoren unumgänglich sind. Selbst bei Wegfall aller anderen Kostenfaktoren, also der Bau-, Wartungs- und Anreicherungskosten, würde der Erntefaktor nur auf 300 steigen, was zwar erheblich besser, aber immer noch weit weg vom theoretischen Maximum 10.000 ist.

Die Kostenbetrachtungen waren bisher energetisch durchgeführt, weil dies eine vom sozialen und wirtschaftlichem Umfeld losgelöste Betrachtungsweise zulässt. Gerade in der Nuklearindustrie können sich durch umfangreiche Genehmigungsprozesse aber beträchtliche Abweichungen ergeben. Uranförderung, Brennelementefertigung und -entsorgung machen nur ein Viertel der energetischen Kosten aus, gerade hier handelt es sich aber nicht um eine einzelne Fabrik, sondern um eine ganze Infrastruktur mit besonderen Sicherheitsvorkehrungen. In der einen Fabrik wird Uranoxid in Uranhexafluorid gewandelt, in einer anderen nach der Anreicherungsanlage dieses wieder zurück in Oxide, in einer weiteren werden Brennelemente gefertigt. Eine ganze nukleare Industrie hat sich um die ineffektive Nutzung des Urans herum etabliert, die z.B. in Frankreich fast die Hälfte des Umsatzes der nuklearen Stromerzeugung ausmacht. Die Konkurrenzfähigkeit der Kernenergie hängt deshalb immer sehr stark von den momentanen Marktpreisen der fossilen Brennstoffe ab. In den 70er und 80er Jahren, als der Preis der fossilen Brennstoffe einen vorläufigen Höhepunkt hatte, war auch der Zubau an Kernkraftwerken am höchsten. Bis in die 2000er Jahre sank der Ölpreis, und der Zubau kam zum Erliegen. Dann stieg der Preis wieder, und es wurden wieder neue Kernkraftwerke gebaut, wie das erwähnte Großprojekt Olkiluoto. Durch die Schiefergas- und Schieferölrevolution der letzten Jahre ist der Zubau wieder leicht ins Stocken geraten.

Von der millionenfach höheren Energiedichte des Urans gegenüber fossilen Brennstoffen bleibt bei heutigen Kernreaktoren also nicht viel übrig. Hauptursachen sind die bauartbedingte geringe Leistungsdichte, die zu großen Bau- und Wartungskosten führt, sowie die Verwendung fester Brennelemente, verbunden mit einer schlechten Nutzung des Urans, was zu hohen Förder- und Brennelementefertigungskosten führt. Die gesamte Effizienz liegt zwar immer noch einen Faktor 2 bis 3 über der von fossilen Kraftwerken, hohe Investitionskosten und lange Genehmingsprozeduren wirken auf Investoren aber abschreckend. Nur in Phasen hoher fossiler Brennstoffkosten konnte der Ausbau der Kernenergie deshalb vorangetrieben werden, die Entwicklung war und ist aber immer stockend. Erst sehr viel später wird sich in Sachen Wirtschaftlichkeit mit Kernkraftwerken der Generation IV Entscheidendes ändern (s. Kap. 4).

3.7 Woher stammen die heutigen Kernkraftwerke? Ein historischer Spaziergang

Viele Kuriositäten und die zuvor beschriebenen Nachteile heutiger Reaktortypen lassen sich nur durch die historische Entwicklung erklären. Zum besseren Verständnis ist es dabei sinnvoll, sich noch einmal die Ursachen für die geringe Konkurrenzfähigkeit und die technischen Vor- und Nachteile heutiger Kernreaktoren im Überblick und Vergleich vor Augen zu halten. Es sind

- die schlechte Nutzung des Natururans (weniger als ein Prozent),

- damit verbunden die Verwendung fester Brennelemente, was eine aufwendige Infrastruktur zu ihrer Fertigung erfordert,
- die geringe Leistungsdichte, mit der Folge hoher Bau- und Betriebskosten sowie
- die geringe Arbeitstemperatur und der damit verbundene kleine Wirkungsgrad

Es ist nur der millionenfach höheren Energiedichte des Urans zu verdanken, dass ein Ausbau der zivilen Kernkraftnutzung überhaupt zustande kam. Politische Entscheidungen und technisches Knowhow spielten dabei natürlich eine Rolle. Es ist außerdem nicht überraschend, dass der größte Ausbau der Kernenergie in die Zeit des kalten Krieges und des atomaren Wettrüstens fiel.

Technisch gibt es keinen Grund, feste Brennelemente zu verwenden, denn für die Kettenreaktion spielt der Aggregatzustand des Urans (oder Plutoniums) keine Rolle. Ein flüssiger Brennstoff hat den riesigen Vorteil, dass er während des Betriebs des Reaktors aufbereitet werden kann. Dadurch kann man den Reaktor nicht nur besser steuern, sondern auch Spaltprodukte vom Reaktorkern fernhalten. Eine Kernschmelze wird damit auch bei hoher Leistungsdichte ausgeschlossen. Ersetzt man außerdem ständig die Spaltprodukte durch „frisches" Uran, so kann der Brennstoff langfristig zu einhundert Prozent (20 Prozent bezogen auf Natururan) genutzt werden, statt, wie bisher, nur zu fünf Prozent (ein Prozent bezogen auf Natur-Uran). Eine Anreicherung wäre aber immer noch notwendig, weshalb man auch immer noch weit von einer hunderprozentigen Nutzung des Natururans entfernt ist. Mit festen Brennelementen ist dies alles jedoch nicht möglich.

Immerhin kann man die Probleme etwas „herunterdrücken". Beispielsweise kann man den notwendigen Grad der Anreicherung verringern. Doch entweder leidet darunter die Sicherheit, oder die Kosten schnellen in die Höhe. Prominentestes Beispiel für den ersten Fall ist der Tschernobyl-Reaktor, mit den bekannten Folgen. Dieser Reaktor vom Typ RBMK nutzt Graphit als Moderator, welches zwar besser moderiert, aber die unangenehme Eigenschaft hat, bei Erwärmung *noch besser* zu moderieren, was die Kettenreaktion zunehmend begünstigt. Bei falscher Regelung – so wie 1986 – kann dann eine sogenannte *Leistungsexkursion* auftreten. Ein prominentes Beispiel für den zweiten Fall ist der kanadische CANDU-Reaktor. Hier wird schweres Wasser als Moderator eingesetzt, was zwar Leistungsexkursionen ausschließt, dafür aber exorbitant teuer ist. Immerhin war der erste CANDU-Typ in der Lage, sogar mit Natur-Uran (Anreicherung 0,7 Prozent) zu arbeiten, doch war er auf Dauer nicht konkurrenzfähig. Der heutige CANDU arbeitet wieder mit auf zwei Prozent angereichertem Uran.

Natürlich könnte man Brennstäbe recyceln, also die vieldiskutierte Wiederaufarbeitung betreiben. Diese ist jedoch während des Betriebs wie beim erwähnten Flüssigbrennstoff nicht ständig möglich, sondern nur über umständliche nass-chemische Verfahren in speziellen Fabriken außerhalb des Kraftwerks. Der Brennstab ist nach dem Betrieb im Reaktor von fünf Prozent Uran-235 Anreicherung auf etwa ein Prozent heruntergebrannt. Gleichzeitig wurden etwa ein Prozent des schlecht spaltbaren Uran-238 in das gut spaltbare Plutonium-239 umgewandelt. Man hat also nunmehr zwei Prozent gut spaltbares Material – für den Reaktor noch nicht genug, um wieder anzuspringen. Bei der Wiederaufarbeitung werden die gut spaltbaren Stoffe konzentriert. Das Ergebnis sind *Mischoxid*-Brennelemente (MOX), da diese, anders als die „frischen“ Brennelemente, nicht mehr nur aus Uranoxiden, sondern nun auch aus Plutoniumoxiden bestehen. Damit lässt sich der Reaktor wieder zum Laufen bringen und der Abbrand beginnt von neuem. Theoretisch könnte man diesen Prozess beliebig oft wiederholen, und damit einen immer größeren Anteil des Natururans nutzen. In der Praxis wird die Wiederaufarbeitung aber mit jedem Zyklus umständlicher. Oft lohnt nicht einmal ein einzelner Zyklus, weshalb die MOX-Wiederaufarbeitung für rein zivile Anwendungen keine Verbreitung gefunden hat.

Auch das Problem der Kernschmelze kann man umschiffen, indem man einen Reaktor so klein baut, dass Restzerfallswärme rein passiv abgeführt werden kann (s. Kap. 4.8). Dies bedeutet jedoch eine Reduzierung der Leistungsdichte, was wiederum die Kosten in die Höhe treibt. Es ist kein Zufall, dass Reaktorblöcke im Laufe der Jahrzehnte immer größer, nicht kleiner wurden. Denn es ist immer noch kostengünstiger, die Sicherheitsmaßnahmen zu erhöhen, als die Leistungsdichte zu verringern. Das Dilemma der heutigen thermischen Reaktoren ist also, dass sie nicht kosteneffizient ohne Anreicherung auskommen. Das Dilemma fester Brennelemente ist, dass sie zusätzlich zu ihrer aufwendigen Herstellung und dem geringen Abbrand auch noch teure Sicherheitsmaßnahmen des Reaktors gegen eine Kernschmelze erfordern. Warum hat man sich also für thermische Reaktoren entschieden, und warum für feste Brennelemente? Warum hat man das Schlechte von beidem kombiniert?

Um dies zu verstehen, muss man sich zurück in die Anfangszeit der Kernenergie begeben. Diese fällt in eine finstere Etappe der Menschheitsgeschichte, der des zweiten Weltkriegs. Die Grundlagen der nuklearen Kettenreaktion waren bereits bekannt, und die USA entwickelten in Los Alamos die erste Nuklearwaffe, sachlich nicht ganz richtig als Atombombe bezeichnet. Das einzige bombenfähige, in der Natur vorkommende Material war das bereits erwähnte Uran-235, welches nur zu 0,7 Prozent im natürlichen Uran vorkommt. Für eine Bombe benötig man jedoch hochangereichertes Uran-235. Die Anreicherungsmethoden waren zu dieser Zeit extrem ineffektiv und langsam. Man erkannte rasch, dass sich das ebenfalls bombentaugliche Plutonium-239 schneller herstellen lässt. Dazu benötigt man jedoch einen Reaktor, und ein Reaktor benötigt angereichertes Uran – ein Teufelskreis. Ein thermischer Reaktor kann aber, wie oben bereits erläutert, notfalls auch so gebaut werden, dass er mit geringer Anreicherung auskommt – der Preis spielte in Kriegszeiten keine Rolle, es musste vor allem schnell gehen. So kam es zum ersten thermischen Reaktor mit Graphitmoderierung und Wasserkühlung, der eigens zur Herstellung waffenfähigen Plutoniums entwickelt wurde. Aufgaben wie effektive Brennstoffnutzung und Wiederaufarbeitung waren gegenüber der Plutoniumproduktion zweitrangig. Daher waren feste Brennelemente die erste Wahl. Bald darauf erfolgte der zweite A-Bombenabwurf über Nagasaki, diesmal nicht mit einer Uranbombe, sondern mit einer Plutoniumbombe. Der zweite Weltkrieg war beendet.

Mit der bisherigen, allein militärisch motivierten Entwicklung war automatisch die Grundlage für die nachfolgenden Reaktoren geschaffen, die leider immer noch militärisch dominiert war – denn nun begann der kalte Krieg. Thermische, insbesondere graphitmoderierte Reaktoren laufen mit geringer Anreicherung und brüten sehr gut Plutonium, beides erwünschte Eigenschaften für die nun folgende nukleare Aufrüstung. Daneben setzte endlich auch – sehr langsam – die zivile Nutzung der Kernkraft ein. Wegen der erwähnten Gefahr einer Leistungsexkursion ersetzte man in der westlichen Welt bei zivilen Leistungsreaktoren das moderierende Graphit durch Wasser, während die Sowjetunion bei Graphit blieb. Nach Kriegsende experimentierte man auch sehr bald mit flüssigen Nuklearbrennstoffen, entwickelte jedoch nur die Reaktoren mit festen Brennelementen wirklich zu Ende. Die Kombination von festen Brennelementen mit einem thermischen Reaktor hatte nämlich leider noch weitere militärische Vorteile. Dass ein thermischer Reaktor mit geringer Anreicherung auskommt, heißt nämlich im Umkehrschluss, dass man einen thermischen Reaktor bei hoher Anreicherung sehr klein bauen kann – ideal für mobile Anwendungen wie atomgetriebene Flugzeugträger und U-Boote. Kombiniert man dies mit festen Brennelementen, so kann außerdem die gesamte Brennstoffproduktion vorverlagert werden, und das U-Boot benötigt keinen Platz für eine Anlage zur Aufbereitung von Flüssigbrennstoff. Man hat bereits ein fertiges „Magazin“ an Brennelementen, die außerhalb gefertigt und nur gelegentlich ausgetauscht werden müssen.

In diesem Klima der Aufrüstung etablierte sich dann eine gesamte Industrie um die anfangs fast nur militärisch ausgerichteten Reaktoren. Fertigungsstätten für Brennelemente und Aufarbeitungsanlagen entstanden, die das begehrte Plutonium abtrennen und später auch Brennelemente recyceln sollten, ferner Anreicherungsanlagen, Transportbehälter und Entsorgungssysteme. Für unser Thema wichtig ist, dass parallel zu dieser militärisch geprägten Entwicklung die kleinen U-Boot-Reaktoren immer mehr für die kommerzielle zivile Stromerzeugung vergrößert wurden. Ein heutiger Leichtwasserreaktor wie der EPR ist somit nichts anderes als ein hochskalierter U-Boot-Reaktor. Das Prinzip ist unverändert, nur die Sicherheit und Leistung wurden den aktuellen Forderungen angepasst. Es ist erstaunlich, dass bis heute, also über 70 Jahre lang, kein einziges alternatives Konzept bis zur kommerziellen Nutzung entwickelt wurde. Dies verwundert umso mehr, als die ursprünglich militärischen Gründe heute praktisch wegfallen. So wurden durch den Übergang vom Diffusions- zum Zentrifugenverfahren die Anreicherungsmethoden so verbessert, dass die ursprüngliche Uran-235-Bombe viel günstiger zu haben wäre, als die Plutoniumbombe mit Hilfe eines Kernreaktors.

Nach 70 Jahren „Entwicklung“ muss man daher feststellen, dass beim Übergang von der militärischen zur zivilen Anwendung das eigentliche Ziel von Wirtschaftlichkeit und Sicherheit komplett aus den Augen verloren wurde. Selbst unter eingefleischten Kerntechnikern ist zumindest unterschwellig oft die Position zu hören, dass es außer wassermoderierten Reaktoren mit festen Brennstäben überhaupt keine andere sinnvolle Lösung gibt. Tatsächlich ist das genaue Gegenteil richtig: Praktisch *jede* Lösung ist für zivile Anwendungen besser geeignet, praktisch *jedes* andere Nuklearkonzept ist kosteneffizienter und dies sogar bei mehr passiver und inhärenter Sicherheit und besserer Nutzung des Natururans.

Die zivile Nukleartechnik ist in eine Sackgasse geraten. Statt vollständig auf kommerziell-zivile Anwendungen ausgerichtete neue Konzepte zu fördern, wurden die ursprünglichen U-Boot-Reaktoren mit immer mehr Hilfseigenschaften ausgestattet, um sie für die zivile Anwendung brauchbarer zu machen. Firmen und Staaten scheuen Neuentwicklungen, weil sie meinen, damit völliges Neuland zu betreten, ein Mythos, wie sich im nächsten Kapitel zeigen wird. Denn viele der „zukünftigen" Reaktorkonzepte liefen bereits vor vielen Jahren in der Testphase, größtenteils sogar sehr erfolgreich.

4] Der Weg in die Zukunft: Neue Generationen

3. November 1954, 15:45, tief in der Wüste des US-Bundesstaates Idaho: Nahe der „National Reactor Testing Station" steht ein sonderbares Gebilde aus Rohren und Maschinen. In den Wochen zuvor ist es immer wieder getestet, belastet und geheizt worden. Nun kommt der entscheidende Moment. In seinen Kern wird eine Mischung aus flüssigem Natriumsalz, Zirkonsalz und – maßgebend – Uransalz eingeleitet, im Laufe des Tages immer mehr. Mittags wurde bereits die erste eigenständige Radioaktivität gemessen. Wenige Minuten nach dem elften Nachfüllen kommt die kontrollierte nukleare Kettenreaktion in Gang. Der Reaktor fängt an, eigenständig Wärme zu produzieren, er wird *kritisch*. Die Wärme wird durch den Brennstoff selbst auch gleichzeitig nach außen transportiert, dieser zirkuliert nämlich. Außen wird er durch Helium gekühlt, dieses wiederum durch Wasser. Ein zweiter Kreislauf bestehend aus flüssigem Natrium kühlt den Kern weiter ab und führt ebenfalls Wärme über Helium an Wasser ab. Die Leistung wird in den nächsten Tagen noch gesteigert, bis auf 2,5 Megawatt. Viele Messdaten werden aufgenommen, viele Protokolle geschrieben, dann ist das Experiment erfolgreich beendet. Ein völlig neuer Reaktortyp geht in Betrieb, der gleich mehrere Innovationen aufweist.

Welchen Zweck verfolgte man damals? Während, wie im letzten Kapitel beschrieben, die heutigen wassermoderierten Reaktoren von der US-Navy vorangetrieben wurden, wurde der neue Reaktortyp in der Idaho-Wüste von der US-Airforce entwickelt.[36] Der Zweck

[36] Vgl. Edward S. Bettis et al., The Aircraft Reactor Experiment-Operation, Nuclear Science and Engineering 2 (1957) 841, 13.5.2017. http://dx.doi.org/10.13182/NSE57-A35497 und William

war, ihn später in ein Flugzeug einzubauen, das damit für praktisch beliebig lange Zeit in der Luft bleiben konnte. Es war Teil eines Militärprogramms, des *Aircraft Nuclear Propulsion* (ANP) Programms, das bereits 1949 gestartet und noch bis 1961 fortgeführt wurde. In der Zwischenzeit gab es jedoch andere technische Entwicklungen, die nukleargetriebene Flugzeuge überflüssig machten, so dass der Idaho-Reaktor leider nicht mehr direkt für zivile Zwecke weiterverfolgt wurde. Dennoch wurde mit ihm ein Grundstein für völlig neue Reaktortypen gelegt. Für ein Flugzeug durfte der Reaktor nicht zu schwer sein, weshalb das leichte Metall Natrium als Kühlmittel besonders geeignet schien. Daraus ging später der *natriumgekühlte schnelle Reaktor* (Sodium-cooled Fast Reactor, SFR) hervor. Auch die Verwendung von flüssigen Salzen als Brennstoff war revolutionär und führte später zum *Flüssigsalzreaktor* (molten salt reactor, MSR). Beide Konzepte wurden danach an den entsprechenden nationalen Forschungseinrichtungen für die zivile Anwendung zwar noch weiterentwickelt. Sie konnten jedoch mit der Entwicklung wassermoderierter Reaktoren, die bereits voll kommerziell betrieben wurden, nicht mehr schritthalten.

Die Entwicklung neuer Konzepte wurde größtenteils eingestellt. Ähnlich erging es auch noch einigen anderen Konzepten, wie dem deutschen Hochtemperaturreaktor HTR. Spätestens in den 1990er Jahren wurde bis auf den natriumgekühlten Reaktor kaum noch an neuen Konzepten geforscht. Sie alle drohten in irgendwelchen Schubladen zu verschwinden und in Vergessenheit zu geraten. Ihr einziges Manko bestand darin, zur falschen Zeit propagiert worden zu sein.

Um das Knowhow dieser Entwicklungen aber nicht völlig zu verlieren, wurde 2001 auf Betreiben des US-Energieministeriums zusammen mit Kanada, Frankreich, Großbritannien, Japan, Südkorea,

---

B. Cottrell et al., ORNL-1845, Operation of the Aircraft Reactor Experiment, 22.8.1955. http://large.stanford.edu/courses/2016/ph241/dodaro1/docs/ornl-1845.pdf

Südafrika, Brasilien und Argentinien das *Generation IV International Forum* (GIF) ins Leben gerufen.[37] Später traten noch die Schweiz, Euratom, Russland und China bei. Deutschland ist also nur indirekt über Euratom vertreten, obwohl es in den 80er Jahren mit dem HTR und dem „schnellen Brüter" sogar noch weltweit führend in neuen Reaktorkonzepten war. Das Generation-IV-Forum wählte abseits vom „normalen" Leichtwasserreaktor *sechs Konzepte* aus, für die bereits viel Forschung betrieben wurde. Die richtig guten unter ihnen sind alle „schnell" – ein Ausdruck, der sich auf die Neutronen bezieht, die wir uns deshalb nochmals genauer ansehen.

4.1 Neu oder alt, thermisch oder schnell?

Wir hatten in den Abschnitten 3.2, 3.3 und 3.6 bereits die Nach- und wenigen Vorteile thermischer Reaktoren angesprochen. Für ein besseres Verständnis der zukünftigen Reaktortypen wollen wir die Unterschiede zwischen thermischen und sogenannten *schnellen* Reaktoren noch deutlicher herausarbeiten. Dazu sind einige Details der Kernreaktion unvermeidbar. *Neutronen* spielen die entscheidende Rolle im Betrieb eines Kernreaktors. Sie bestimmen die Häufigkeit der Kernspaltungen und damit die Rate, mit der Energie freigesetzt wird. Deshalb dreht sich in der Reaktorphysik alles um eben diese Teilchen: Wie viele werden absorbiert, wie viele entstehen neu, wie viele haben an welchen Orten welche Geschwindigkeiten? Der „Geburtsort" der Neutronen ist immer ein Kern, der gerade gespalten wird, ihr „Sterbeort" kann jedoch unterschiedlich sein. Trifft ein Neutron auf einen Kern, so kann es einfach verschluckt werden, ohne dass etwas passiert. Es kann aber auch genau das bewirken, was man gerne hätte, nämlich eine neue Kernspaltung einleiten. Jede Kernspaltung verbraucht immer genau ein Neutron, um in Gang zu kommen, produziert dabei aber mehrere neue Neutronen. Nur ein Bruchteil davon schafft es jedoch, wieder einen neuen Kern zu spal-

[37] Vgl. Webseite des Generation-IV-Forums: www.gen-4.org

ten, denn die meisten Neutronen werden irgendwo eingefangen oder entkommen dem Reaktorkern.

Die Kunst der Reaktortechnik besteht also darin, von den frischen Spaltungsneutronen immer genau *ein* Neutron überleben zu lassen, das wieder einen weiteren Kern spaltet. Auf diese Weise bleibt eine stabile *nukleare Kettenreaktion* aufrecht erhalten. Solch einen Reaktorzustand nennt man „kritisch“. Überlebt im Schnitt weniger als ein Neutron, so kann der Reaktor nicht selbständig laufen, man nennt ihn *unterkritisch*. Überlebt mehr als ein Neutron, so vermehren diese sich innerhalb von Sekundenbruchteilen und die Leistung steigt zu stark (exponentiell) an, der Reaktor ist *überkritisch*. Durch Einfügen von Materialien, z.B. Regelstäben, die Neutronen absorbieren, kann man den Reaktor genau im gewünschten kritischen Bereich halten.

Neben der *Anzahl* spielt aber auch die *Geschwindigkeit* der Neutronen eine wichtige Rolle. In der Einführung zu Kapitel 3 wurde bereits erklärt, was ein *thermischer Reaktor* ist: Die Wahrscheinlichkeit, einen weiteren Kern zu spalten, steigt erheblich mit kleiner werdender Geschwindigkeit der Neutronen, daher bremst man diese durch *Moderatoren* ab. Solche Reaktoren nennt man *thermische* Reaktoren, wobei gemeint ist, dass die Neutronen etwa so langsam sind, wie die Moleküle eines gut beheizten Zimmers. Man könnte auch *langsame Reaktoren* sagen. Ein Reaktor muss aber nicht zwangsläufig so gebaut sein. Das Gegenteil, also ein Reaktor, der keinen neutronenabbremsenden Moderator verwendet, nennt man einen *schnellen* Reaktor, manchmal auch *Schnellspaltreaktor*. Hier behalten die Neutronen ihre ursprüngliche Geschwindigkeit bei. In der Anfangszeit der Nukleartechnik (und leider auch noch heute) wurden thermische Reaktoren bevorzugt. Im und nach dem Zweiten Weltkrieg konnte man damit schnell zum damals begehrten waffenfähigen Plutonium kommen, das erheblich leichter vom Uran abzutrennen war, als das natürliche Uran-235. Thermische Reaktoren kann man so bauen, dass sie schon mit Natururan anspringen, während schnelle Reaktoren eine erheblich höhere Menge an spaltbarem Material benötigen. Wegen ihrer hohen Spaltwahrscheinlichkeiten kann man thermische Reaktoren auch kleiner bauen, so dass sie für den mobilen Einsatz wie in U-Booten geeignet sind. Die Nachteile zeigen sich erst in der Brennstoffnutzung (s. nächster Abschnitt).

Schießlich noch eine wichtige Anmerkung zur Sicherheit: Da ein Reaktor leicht überkritisch werden kann, könnte man denken, dass durch einen kleinen Fehler in der Regelung die Leistung sofort ins Unermessliche ansteigt, der Reaktor somit wie eine Bombe explodiert. Doch *erstens* wirkt dem die Ausdehnung der Materialien entgegen. Beim heutigen Leichtwasserreaktor z.B. fängt das Wasser sofort zu sieden und zu verdampfen an, wodurch es die Neutronen nicht mehr ausreichend moderieren kann und die Leistung wieder abfällt. Man sagt, der Reaktor hat einen *negativen Reaktivitätskoeffizienten*, und nur solche sind und waren in der westlichen Welt für zivile Anwendungen genehmigungsfähig. In Abschnitt 4.5 lernen wir den Flüssigsalzreaktor MSR kennen, der sich durch einen Reaktivitätskoeffizienten auszeichnet, der so stark negativ ist, dass er sogar völlig ohne Regelstäbe auskommt. *Zweitens* können aber selbst Reaktoren mit positivem Reaktivitätskoeffizienten nicht wie eine Atombombe explodieren, es kann dort lediglich *Leistungsexkursionen* geben. Da sich durch die große Hitze und Wucht sofort die Form verändert, kann der Reaktor dann aber nicht mehr kritisch werden. Genau dies ist 1986 bei Tschernobyl geschehen.

4.2 Brüten, nicht nur für Vögel

Neutronen können also spalten, wobei Energie freigesetzt wird, oder eingefangen werden. Die Wahrscheinlichkeiten, mit denen diese beiden Prozesse auftreten, hängen von der Geschwindigkeit ab, wie im vorherigen Abschnitt erläutert. In der Einführung zu Kapitel 3 wurde aber bereits erwähnt, dass die Wahrscheinlichkeiten außerdem stark von den Atomkernen, d.h. den Materialien, auf die sie treffen, abhängen. Zum Beispiel wird Uran-235 häufiger gespalten als Uran-238. Graphit lässt sich hingegen gar nicht spalten, fängt dafür aber gerne Neutronen ein. *Allgemein gilt die Regel: Schwere Kerne mit ungerader Nukleonenzahl, also z.B. Uran-235 oder Plutonium-239, sind erheblich besser spaltbar als die mit gerader Nukleonenzahl.* Ein eingefangenes Neutron ist aber nicht unbedingt verloren, ganz im Gegenteil. Wird es z.B. durch das schlecht spaltbare Uran-238 eingefangen, so entsteht über einen Zwischenschritt Plutonium-239, welches wieder sehr gut spaltbar ist. Ein schlecht spaltbarer Atomkern wurde durch Neutroneneinfang somit ein sehr gut spaltbarer Atomkern. Diesen Prozess nennt man *Brüten*.

Jeder Reaktor, ob thermisch oder schnell, brütet auch immer. Die Brennelemente heutiger Leichtwasserreaktoren beispielsweise enthalten zu 95 Prozent Uran-238 (s. Kap. 3.7). Da passiert es schon häufiger, dass Neutronen eingefangen werden und dieses in Plutonium-239 umwandeln – ein zunächst angenehmer Effekt, denn mit dem Uran-235 allein (5 Prozent im Brennelement) würde der Reaktor bald nicht mehr weiterlaufen können, aber durch das nachgebrütete Plutonium-239 hat er nun einen neuen Spaltstoff, wodurch sich seine Laufzeit nahezu verdoppelt. Der Nachteil ist, dass am Ende unverbranntes Plutonium übrigbleibt, was zum nuklearen Abfallproblem beiträgt (s. Kap. 3.2). Das Verhältnis zwischen erbrüteten und gespaltenen Kernen bezeichnet man als *Brutfaktor*. Ein Brutfaktor von 1 bedeutet, dass für jeden gespaltenen Kern ein neuer spaltbarer nachgebrütet wird. Dies ist eine komfortable Situation, denn jetzt kann der Reaktor unbegrenzt so lange weiterlaufen, bis auch das gesamte viel häufigere Uran-238 verbraucht ist. Bei einem Brutfaktor größer als 1 kann sogar noch zusätzliches Spaltmaterial erzeugt werden, z.B. um weitere Reaktoren zu versorgen. Nur bei einem Brutfaktor kleiner als 1 muss immer wieder gut spaltbares Material, also Uran-235, nachgeliefert werden.

Im vorherigen Abschnitt hatten wir den Unterschied zwischen thermischen und schnellen Reaktoren erläutert. Thermische Reaktoren schienen demnach nur Vorteile zu haben. Jetzt zeigt sich aber ein wesentlicher physikalischer Nachteil: *Thermische Reaktoren haben immer einen Brutfaktor kleiner als 1, schnelle Reaktoren immer einen Brutfaktor größer oder gleich 1.* Somit ist das oben beschriebene Problem heutiger Leichtwasserreaktoren ganz allgemein für alle thermischen Reaktoren gültig.

Thermische Reaktoren springen zwar schon bei geringer Anreicherung an, werden also kritisch, benötigen aber wegen ihres kleinen Brutfaktors ständig einen Nachschub an Uran-235, welches im Natururan nur selten vorkommt und daher angereichert werden muss. Bei schnellen Reaktoren ist es umgekehrt, sie werden erst mit höherer Anreicherung an Uran-235 kritisch, können dann im Betrieb aber prinzipiell mit Natururan oder sogar reinem Uran-238 weiterversorgt werden, da sie sich daraus ständig ihren eigenen Spaltstoff nachbrüten. Prinzipiell deshalb, weil dies eine ständige Aufarbeitung voraussetzt, die mit festen Brennelementen ja leider nicht möglich ist, wie wir im Kapitel 3.7 dargelegt haben.

Hiermit zeigt sich jetzt der grundlegende Nachteil thermischer Reaktoren: Sie schaffen es wegen ihres grundsätzlichen Brutfaktors kleiner als 1 nicht, genügend spaltbares Material selbst nachzubrüten – sie sind, wenn man so will, nicht nachhaltig. Sie können weder auf externe Anreicherungsanlagen verzichten, noch das Uran vollständig nutzen.[38] Beide Nachteile entfallen bei schnellen Reaktoren, sieht man von dem allerersten Anreicherungsschritt für Uran-235 ab. Läuft ein schneller Reaktor erst einmal, wird genügend spaltbares Material für die nächsten schnellen Reaktoren erzeugt, so dass

[38] Anmerkung für Spezialisten: Bei einem Brutfaktor von nahezu 1, also einem formal thermischen Reaktor, könnte dieser theoretisch auch mit Natururan arbeiten und würde dieses auch vollständig verbrennen.

hier keine Aufbereitung mehr erforderlich ist. Wegen ihres hohen Brutfaktors werden schnelle Reaktoren oft auch Brutreaktoren genannt. Diese Bezeichnung ist aber nicht unbedingt passend, denn der Brutfaktor beschreibt ja nur, was der Reaktor *kann*, nicht was er *muss*. Mit Brüten wird oft die Produktion von waffenfähigem Plutonium assoziiert, was durch einen hohen Brutfaktor natürlich begünstigt wird. Leute mit Halbwissen behaupten deshalb gerne, schnelle Reaktoren seien reine Waffenproduktionsmaschinen.

Das ist aus mehreren Gründen falsch. Zum einen wird das Plutonium für den Waffeneinsatz unbrauchbar, wenn es zu lange im Reaktor verweilt. Man muss also das gesamte Reaktordesign auf die rasche Entnahme von Plutonium ausrichten (oft umgesetzt durch einen sogenannten *Brutmantel*), was bei den meisten schnellen Reaktoren nicht der Fall ist. Zum zweiten gilt das gleiche auch für thermische Reaktoren, nur eben mit einem kleineren Brutfaktor, dafür aber mit einfacher herzustellendem Inventar.

Tatsächlich stammte das einzige Plutonium, das jemals als Waffe eingesetzt wurde (Nagasaki), aus einem thermischen (Brut-)Reaktor. Zum dritten könnte man auch ganz auf brütbares Material, also U-238, verzichten, dann wird auch nichts gebrütet. Wir werden im Kapitel 4.5 sehen, dass durch die Kombination von schnellem Reaktor und flüssigem Brennstoff Proliferation von Kernwaffenmaterial besonders effektiv verhindert werden kann.

4.3 Die Generation IV: was sie kann, was sie bietet

Mit den Begriffen *thermisch* und *schnell* lässt sich nun auch eine erste Einteilung der sechs nuklearen Konzepte der *Generation IV* vornehmen. Als schnelle Konzepte werden gehandelt:

- der natriumgekühlte schnelle Reaktor (Sodium-cooled fast reactor, SFR),

- der bleigekühlte schnelle Reaktor (Lead-cooled fast reactor, LFR), sowie
- der gasgekühlte schnelle Reaktor (Gas-cooled fast reactor, GFR).

Die rein thermischen Konzepte sind hingegen

- der Hochtemperaturreaktor (Very-high temperature reactor, VHTR) und
- der überkrische Wasserreaktor (Supercritical water reactor, SCWR).

Das sechste Konzept ist eine Besonderheit,

- der Flüssigsalzreaktor (molten salt reactor, MSR),

der sich sowohl thermisch als auch schnell ausführen lässt. Dieses Konzept ist das einzige des Generation-IV-Kanons, bei dem keine festen Brennelemente verwendet werden. Daher widmen wir ihm das eigene Kapitel 4.5. Alle jüngeren Forschungs- und Entwicklungs-Arbeiten weisen beim MSR auf die schnelle Variante als beste Ausführungsform hin, was man im Namen durch das F wie *fast* ausdrückt. Wir werden also gelegentlich auch vom MS**F**R reden. Abbildung 4.1 zeigt eine Übersicht.

Eine Neuerfindung, deshalb nicht Teil der Generation IV, ist der

- Dual Fluid Reaktor (DFR).

Er wurde von einer Gruppe bestehend aus fünf überwiegend deutschen Erfindern 2011 vorgestellt. Auch beim DFR werden keine festen Brennelemente verwendet. Er kombiniert die positiven Eigenschaften des MSR mit denen mehrerer anderer Konzepte der Generation IV. Oft wird er als MSR eingeordnet, was aber falsch ist, da er auch ohne Flüssigsalz arbeiten kann. Auch dieses Konzept ist elementar neu, so dass es ein eigenes Kapitel (4.7) erhält. Es ist offensichtlich, dass auch bei der Generation IV die Wahl des Kühlmittels den entscheidenden Unterschied ausmacht. Folgerichtig werden danach die meisten Reaktortypen auch benannt. Wir werden im nächsten Abschnitt genauer darauf eingehen.

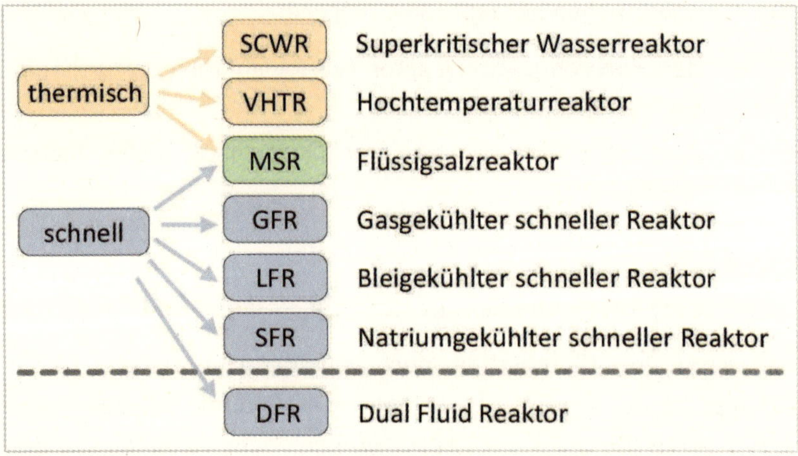

Abb. 4.1: Übersicht über die Reaktortypen der Generation IV. Der DFR ist neu und gehört (noch) nicht dazu. Im Text des Buchs werden aus Platzgründen stets nur die hier gezeigten Abkürzungen verwendet.

Alle Konzepte außer dem DFR werden vom Generation-IV-Forum unterstützt, oft mit Hilfe von staatlichen Forschungsgeldern. Leider kann aber von konsequenter Entwicklung keine Rede sein. Es handelt sich eher um Aufrechterhaltung der Kompetenz. Die Forschungsgelder bewegen sich nämlich im Millionen-Euro-Bereich. Für eine tatsächliche Prototypentwicklung bräuchte man jedoch Milliarden Euro. Lediglich der natriumgekühlte Reaktor SFR wird in mehreren Ländern entwickelt und steht kurz vor der Kommerzialisierung. Zusammen mit dem bleigekühlten Reaktor LFR sind dies die beiden metallgekühlten schnellen Konzepte, die wir im Abschnitt 4.4 besprechen.

Die beiden gasgekühlten Reaktoren, GFR und VHTR, unterscheiden sich im Prinzip nur durch die Anwesenheit eines Moderators, daher kurz: Der GFR ist die schnelle Variante des VHTR (s. Kap. 4.6). Letzteren kennt man bereits als den THTR-300, der in den 80er Jahren in Deutschland gebaut wurde. Die Besonderheit beider Reaktoren ist die hohe Arbeitstemperatur, die neben einer effizienteren Stromerzeugung auch die Herstellung von synthetischen Kraftstoffen und anderen chemischen Substanzen ermöglicht. Es verbleibt noch der mit überkritischem Wasser gekühlte Reaktor SCWR. Er ist zunächst ein gewöhnlicher thermischer Leichtwasserreaktor des heutigen Typs.

Der Unterschied liegt in seinem effektiveren Kühlsystem. Bei sehr hohem Druck und Temperatur geht Wasser nämlich in einen ungewöhnlichen Zustand über. Es wird *überkritisch*, nicht zu verwechseln mit dem Begriff *kritisch* in Abschnitt 4.1. Überkritisches Wasser ist gleichzeitig flüssig und gasförmig und kombiniert damit die beiden positiven Eigenschaften von Wasser (hohe Wärmekapazität) und Wasserdampf (starke Expansionsfähigkeit und damit gut für Turbinenantrieb geeignet). Der SCWR ist demnach kein neues nukleares Konzept, da nur sein „konventioneller" Teil verbessert wird. Überkritisches Wasser kommt seiner gewünschten Eigenschaften wegen heute bereits in 500 modernsten Kohlekraftwerken zum Einsatz. Mit dem SCWR holt man also für Kernkraftwerke nur den Stand der Technik nach. Daher werden wir dieses Konzept nicht weiter besprechen.

Als ganz wesentliches Merkmal der Generation-IV-Konzepte muss betont werden, dass praktisch alle diese „Innovationen" bereits liefen, teilweise sogar schon vor sehr langer Zeit. Man fragt sich also, warum man diese nicht einfach in eine kommerzielle Phase überführte – so viel zu forschen gibt es hier eigentlich gar nicht mehr. Für dieses Phänomen gibt es vielfältige Gründe, die wir teilweise bereits in Abschnitt 3.7 diskutiert haben. Die übermächtige

Konkurrenz heutiger Druckwasserreaktoren macht es extrem schwierig, in den Markt einzudringen. Hinzu kommt, dass nicht alle der Generation-IV-Konzepte unbedingt kosteneffizienter sind. Investoren haben große Scheu, in etwas wirklich Neues zu investieren. Wenn beispielsweise ein Staat wie die Vereinigten Arabischen Emirate in die Kerntechnik einsteigt, werden erst einmal bewährte Druckwasserreaktoren eingesetzt. Auf Experimente lässt man sich allenfalls später ein. Und schlussendlich benötigt man für neue Konzepte auch die geeigneten Spezialisten, die zumindest im Anfangsstadium des Einsatzes rar sind.

4.4 Kühlen ist wichtig, aber womit?

Das Kühlmittel führt die durch Kernspaltung erzeugte Wärme aus dem Reaktorkern ab, um sie außerhalb zu nutzen – in der Regel um damit Turbinen zur Elektrizitätserzeugung anzutreiben. Das beliebteste Kühlmittel aller Kraftwerke, nicht nur von Kernkraftwerken, ist Wasser: Es ist an den meisten Standorten billig, nimmt gut Wärme auf, kann sie speichern und wieder abgeben. Dampfförmig verhält es sich wie ein Gas, kann sich ausdehnen und somit Arbeit leisten, indem es Turbinen antreibt. Bei Kernkraftwerken zählen aber nicht nur die Wärmeleitungseigenschaften, sondern auch die nuklearen. Jedes Kühlmittel beeinflusst die Neutronenbilanz, denn es muss zwangsläufig durch den Reaktorkern laufen. Dabei kann es Neutronen absorbieren, so dass sich die Effizienz des Reaktors verschlechtert. Es kann auch Neutronen abbremsen, was bei thermischen Reaktoren erwünscht ist, bei schnellen jedoch nicht. Die Wahl des Kühlmittels ist deshalb sehr eng mit dem Reaktortyp verknüpft – so eng, dass die Typen oft nur nach dem Kühlmittel benannt werden.

Die Vorteile schneller Reaktoren haben wir in Abschnitt 4.2 bereits hervorgehoben. Sie kommen im Betrieb ohne angereichertes Material aus und nutzen damit das geförderte Uran im Prinzip vollständig – eine gute Wiederaufbereitung vorausgesetzt. Dies reduziert auch gleichzeitig die Abfallmenge. Mit Wasser als Kühlmittel lassen sich schnelle Reaktoren aber prinzipiell nicht betreiben. Es würde die Neutronen so stark abbremsen, dass der schnelle Reaktor automatisch wieder zu einem thermischen Reaktor wird. Als Kühlmittel verbleiben für schnelle Reaktoren daher nur *flüssige Metalle* und *Gase*.

Ein Sonderfall ist der Flüssigsalzreaktor, bei dem der Brennstoff selbst das Kühlmittel ist, davon mehr in Abschnitt 4.5. Entsprechend sind die schnellen Reaktortypen der Generation IV der natriumgekühlte SFR, der bleigekühlte LFR, der gasgekühlte GFR und der Flüssigsalzreaktor MSFR. Beim GFR ist mit Gas nur Helium gemeint, ein inertes Edelgas, das auch nuklear gesehen sehr „edel" ist. Es absorbiert nämlich nur sehr ungern Neutronen. Wie jedes Gas dehnt sich Helium bei Erwärmung stark aus, so dass mit ihm direkt Turbinen angetrieben werden können. Es wird kein Sekundärkreislauf, also kein weiterer Wärmetauscher zu einem Arbeitsmedium benötigt, was die Kosten erheblich senken würde. Nachteile sind seine geringe Wärmeleitfähigkeit und Wärmespeicherfähigkeit, wodurch Strukturen in gewaltiger Größe erforderlich werden. Das Reaktorkerngefäß wird mit Helium ungleich größer als das von metallgekühlten Reaktoren gleicher Leistung ausfallen müssen. Man muss also berechnen, ob der wegfallende Sekundärkreislauf die großen Strukturen bei Helium wirtschaftlich rechtfertigt. Diese Diskussion ist inzwischen überflüssig geworden, weil das Generation-IV-Forum jetzt auch für den GFR einen Sekundärkreislauf favorisiert. Wohl aus sicherheitstechnischen Gründen hat man sich entschieden, das Helium nicht direkt in die Turbinen zu leiten, sondern einen Helium-Helium-Wärmetauscher zwischenzuschalten. Damit verdoppeln sich jetzt sogar die großen Strukturen. Von den Vorteilen des GFR bleibt somit nur noch die hohe Temperatur übrig, kosteneffizient ist er nicht mehr. Da der GFR im Grunde die schnelle Variante des thermischen VHTR ist, verweisen wir für weitere Details auf den VHTR (s. Kap. 4.6).

Die beiden anderen schnellen Varianten SFR und LFR arbeiten mit flüssigen Metallen als Kühlmittel. Das mag für einige Leser überraschend klingen, werden doch Metalle erst bei sehr hoher Temperatur flüssig. Man darf jedoch nicht Temperatur mit Wärme verwechseln. Mit „Kühlen" ist nicht gemeint, den Reaktor auf Kühlschranktemperaturen zu bringen, sondern auf ein Niveau von einigen Hunderten bis über tausend Grad Celsius. Flüssige Metalle sind geradezu ideale Wärmeleiter und können sehr große Mengen an Wärme aufnehmen. Doch was an der einen Stelle ein Vorteil ist, erweist sich an anderer Stelle als Nachteil. Gerade weil sie so viel Wärme aufnehmen können, dehnen sich Metalle dabei kaum aus und sind deshalb für den Antrieb von Turbinen ungeeignet. Man muss hier immer einen zweiten Wärmetauscher aus Gas oder Wasser vorhalten, was die Kosten wieder erheblich steigert.

Von den metallgekühlten Varianten ist aus historischen Gründen der natriumgekühlte SFR in der Entwicklung bereits sehr weit fortgeschritten. Wir erinnern an das in der Einleitung zu Abschnitt 4 beschriebene Experiment in der Wüste von Idaho, das den nuklearen Flugzeugantrieb zum Ziel hatte. Große Wasserkühlungen und Moderatoren durch die Luft zu transportieren kommt nicht in Frage, ein kompakter leichter Reaktor war gefragt. Natrium ist eines der leichtesten Metalle. Seine Wahl stand daher sehr schnell fest. Die Flugzeugidee wurde dann aus anderweitigen militärischen Gründen aufgegeben. Nachdem der Reaktor aber schon so weit entwickelt war, entschloss man sich für die Weiterführung als ziviles Projekt. So entstand in der Idaho-Wüste eines der ersten nationalen Kernforschungszentren. In ihm wurde der erste SFR für Forschungszwecke entwickelt, der „experimental breeder reactor" EBR-I. Der Grund für die Verwendung des leichten Metalls Natrium war mit der Einstellung des Aircraft-Nuclear-Propulsion-Programms zwar weggefallen.

Dennoch blieb man diesem Metall treu, obwohl es umständlich zu handhaben und leicht brennbar ist.

Dem EBR-I folgte 1964 EBR-II mit einer elektrischen Leistung von etwa 20 Megawatt, der bis 1994 lief. Die US-japanische Firma *GE Hitachi* hat das Konzept für den ersten kommerziellen SFR nun übernommen, den *S-PRISM* mit 2×300 Megawatt elektrischer Leistung (s. Kap. 5.1). Auch Deutschland stieg in den 70er Jahren in diese Technologie ein und baute den SNR-300, den „schnellen Brüter" in Kalkar. Dieser ging jedoch aus politischen Gründen nie in Betrieb. Technisch gab es keine ernsthaften Einwände. Frankreich baute fast zeitgleich den Phénix, später den Superphénix. Es arbeitet nun am ASTRID, dem „Advanced Sodium Technological Reactor for Industrial Demonstration", wie der S-PRISM ebenfalls mit einer Leistung von 600 Megawatt. Eine Übersicht der europäischen SFR-Entwicklungen ist in Kapitel 5.2 gegeben. Russland schließlich baut ebenfalls SFRs mit immer größerer Leistung. Der letzte ist der BN-600, wieder mit 600 Megawatt Leistung (Kap. 5.3).

Die zweite metallgekühlte Variante ist der LFR mit flüssigem Blei als Kühlmittel. Vom Konzept her ist er eigentlich besser geeignet, in der Kommerzialisierung liegt er jedoch weit hinter dem SFR. Auch dieses Konzept ist nicht neu und hat – der Leser ahnt es jetzt sicher schon – einen militärischen Ursprung. Diesmal war es jedoch nicht das amerikanische, sondern das sowjetische Militär. Im Gegensatz zu den Amerikanern mit ihren wassergekühlten thermischen U-Boot-Reaktoren bevorzugte die Sowjetunion den bleigekühlten LFR und entwickelte diesen in den 60er Jahren. 1972 stach das erste, vom Gegner der NATO als *Alfa-Klasse* bezeichnete U-Boot mit einem LFR in See. Im Gegensatz zu Natrium ist Blei ein sehr schweres Metall, das im Gegensatz zu Flugzeugen für U-Boote von seinen Gewichtseigenschaften her gut geeignet ist. Die Schwierigkeiten lagen jetzt aber woanders, denn Blei wird erst bei 330 Grad Celsius flüssig. Infolgedessen muss sogar in ausgeschaltetem Zustand der Reaktor ständig auf mindestens dieser Temperatur gehalten werden, anderenfalls bleiben die Regelstäbe im „gefrorenen“ Blei stecken – Ergebnis: Totalschaden des Reaktors. Es gibt aber einen Trick, diese Temperatur abzusenken. Durch Beimischen von Bismut im richtigen Verhältnis entsteht ein sogenanntes *Eutektikum* mit einem Schmelzpunkt bei 124 Grad Celsius. Diese Temperatur kann mit vernünftigem Aufwand auch im ausgeschalteten Zustand durch externes Heizen aufrechterhalten werden. Trotzdem war die Handhabung des LFR damit immer noch recht aufwendig. Nicht selten trat infolge Ausfalls der Heizung der befürchtete Totalschaden tatsächlich ein. Auch verschlechtert das Bismut die Neutronenökonomie erheblich und macht den Reaktor ineffektiv.

4.5 Flüssig oder fest, was ist besser?

Eine der großartigsten Entwicklungen in der nuklearen Reaktortechnik war die Einführung von flüssigem Kernbrennstoff. Daher kommen wir ein weiteres Mal auf das eingangs im Abschnitt 4 erwähnte im Jahr 1954 durchgeführte „Aircraft Nuclear Propulsion“-Experiment zurück. Dort wurden gleich zwei Neuerungen in einem gemeinsamen Aufbau getestet, die *Natriumkühlung* und der *Flüssigsalzbrennstoff*. Beide Neuerungen wurden erst später in getrennten Reaktorsystemen weiterentwickelt, dem bereits geschilderten (s. Kap. 4.4) natriumgekühlten SFR und dem Flüssigsalzreaktor MSR. Letzteren wollen wir nun näher ins Auge fassen.

Während der SFR für zivile Anwendungen ausgearbeitet wurde, verlief die Entwicklung des MSR eher holprig. Am Ende konkurrierten sogar beide Systeme um amerikanische Forschungsmittel, was letztendlich zugunsten des SFR entschieden wurden. Der Grund für diese Entscheidung war nicht technisch, sondern politisch. In den 70er Jahren begann man nämlich, eine mögliche Uran-Knappheit zu befürchten. Als schneller Reaktor war der SFR grundsätzlich in der Lage, seinen eigenen Brennstoffbedarf aus dem in thermischen Reaktoren nicht spaltbaren U-238 (oder auch aus Thorium) nachzubrüten (s. Kap. 4.2) und somit den Brennstoff erheblich effizienter zu nutzen. Eine Infrastruktur für Brennelemente bestand bereits. Da war es naheliegend, das Kühlmittel Wasser lediglich durch Natrium zu ersetzen. Flüssiger Brennstoff passte nicht in dieses Konzept. Überdies war das erste MSR-Konzept auch noch thermisch, so dass man keinen Brutüberschuss erzielen konnte. In völliger Verkennung seines Potentials wurde in den 70er Jahren mit der Einstellung der MSR-Entwicklung eine folgenreiche politische Fehlentscheidung getroffen. Einen laufenden MSR-Forschungsreaktor gibt es seitdem weltweit nicht mehr. Erst in jüngster Zeit wird die Entwicklung wieder aufgegriffen.

Dennoch wurden die Experimente zum MSR am *Oak Ridge National Laboratory* ORNL in den 70er Jahren noch sehr erfolgreich abgeschlossen. Die Ergebnisse sind heute in Internet-Archiven zu finden, für jedermann einsehbar. Hauptverantwortlicher Leiter dieses *Molten Salt Reactor Experiments* (MSRE) war der Kernphysiker Alvin M. Weinberg, der bereits am „Aircraft Nuclear Propulsion"-Programm beteiligt war. Der Aufbau des MSRE war so simpel wie genial: Ein mannshoher, von Kanälen durchbohrter Graphit-Zylinder, durch welche die Uransalzmischung fließt. Die Kanäle sind so dicht aneinander angeordnet, dass eine Kettenreaktion einsetzt. Außerhalb sorgen Rohre und eine Pumpe dafür, dass das Salz schnell genug umgewälzt wird. Warum „schnell genug"? Die Antwort: Sobald der Reaktor kritisch ist, muss die Wärme abgeführt werden. Beim MSR ist das Flüssigsalz nicht nur Träger des Brennstoffs, sondern auch Träger der Wärme. Das vereinfacht zwar den Aufbau erheblich, doch das Salz muss nun zwei Funktionen bewältigen, die nicht unbedingt leicht vereinbar sind. Man muss daher Kompromisse eingehen. Einer besteht darin, die Leistungsdichte zu beschränken. Man verdünnt dazu das Salz, das ohnehin nicht reines Uransalz, sondern eine komplexe Mischung mehrerer Salze mit nur ein Prozent Urananteil ist. So erreicht man, dass der Reaktor nur so viel Wärme produziert, wie das Salz selbst bei hoher Fließgeschwindigkeit noch aufnehmen kann. Die thermische Leistung war für einen Versuchsreaktor, als ersten seiner Art, mit immerhin 7,4 Megawatt schon ganz beachtlich, mit diesem Wert aber noch nicht für kommerzielle Anwendungen geeignet.

Die große Herausforderung des MSRE bestand in der Erforschung ausreichend widerstandsfähiger Materialien. Um die Wärme aus dem Reaktorkern zu transportieren, aber auch um nicht „einzufrieren", muss die Salzmischung eine bestimmte Temperatur aufweisen. Im MSRE ist diese mit 650 Grad Celsius recht hoch – zum Vergleich arbeiten heutige Druckwasserreaktoren nur mit 325 Grad Celsius. Bedenkt man noch, dass Salze in der Regel stark *korrosiv* sind, stellt die hohe Temperatur eine echte Herausforderung dar. Die Rohre, die das Salz führen, mussten besonders korrosionsfest sein. Umso überraschender ist es, dass man ein solches Material bereits fand und entsprechend schon in dem „Aircraft Nuclear Propulsion"-Experiment verwendete: Es wird als *Hastelloy-N* bezeichnet. Während des jahrelangen Testlaufs konnte an diesem „Wundermaterial" keine nennenswerte Korrosion festgestellt werden. Alle Langzeitversuche konnten erfolgreich abgeschlossen werden.[39]

In der nächsten Stufe wurde der Salzkreislauf an eine kleine Wiederaufbereitungsanlage angeschlossen. Hier zeigten sich erst richtig die Vorteile des Flüssigsalzes, die wir im Abschnitt 3.7 bereits angesprochen hatten. Ferner erwiesen sich viele Probleme, die man anfangs befürchtet hatte, als entweder nicht maßgeblich oder ließen sich überraschend einfach lösen. Zum Beispiel konnte man die Trägersalze aus den Spaltproduktsalzen durch einen einfachen Destillationsprozess wiedergewinnen, was die Reinigung der Salzmischung erheblich vereinfachte. Auch das Entfernen gasförmiger Spaltpro-

[39] MSR-Archiv von Kirk Sorensen (Flibe Energy), darin auch viele Dokumente zu Hastelloy-N. Vgl. www.energyfromthorium.com/pdf, 26.9.2018.

dukte und sogenannter „Neutronengifte“ wie Xenon stellte sich als problemlos heraus. Durch das hohe Strahlungsfeld im Reaktorkern wurden die Salze weit weniger zersetzt als anfangs vermutet. Kurzum, die Machbarkeit eines solchen Systems wurde eindrucksvoll bewiesen. Der größte Vorteil eines Flüssigsalzreaktors ist aber folgender:

Eine Kernschmelze (s. Kap. 3.5), die bei allen Reaktoren mit festen Brennelementen zu verhindern oder zu beherrschen die größten Kosten verursacht, kann beim MSR nicht auftreten, denn der Reaktorkern ist bereits geschmolzen.

Weil dies etwas verwirrend klingen mag, die nähere Erklärung: Mit Kernschmelze bei heutigen Reaktoren ist nicht nur das Schmelzen der Brennelemente durch Überhitzung gemeint, sondern auch das der Strukturmaterialien, die das Reaktordruckgefäß bilden. Die ganze „Suppe“ aus hochradioaktiven Brennelementen und Strukturmaterialien würde dann nach unten tropfen. Der Reaktor muss nach einem solchen Störfall für Jahrzehnte aufgegeben werden. Die Schwierigkeit besteht also weniger in der Kernschmelze an sich, sondern darin, diese in „geordnete Bahnen“ zu lenken, ohne den Reaktor zu beschädigen. Beim MSR ist die Situation grundlegend anders. Das gesamte Design ist auf die Handhabung eines flüssigen Reaktorkerns ausgelegt, indem alle Teile durch entsprechende Rohrführungen miteinander verbunden sind. Es ist deshalb ein Leichtes, durch einfachste passive Mechanismen ein unkontrolliertes Abfließen zu verhindern.

Dieser Mechanismus sieht folgendermaßen aus: An der tiefsten Stelle der Rohrführung befindet sich ein Abzweig zu einem nach unten führenden Rohr. Dieser Abzweig wird ständig mit konstanter Leistung gekühlt, so dass im Normalbetrieb die Temperatur dort das Salz zum Gefrieren bringt. Sollte aus irgendwelchen Gründen die Temperatur des Salzes zu sehr ansteigen, so reicht die Kühlleistung dort nicht mehr aus, das Salz auszufrieren. Dann öffnet sich der „Pfropfen“, und das Salz fließt völlig kontrolliert entlang der vorgesehenen Rohrführung nach unten, wo sich entsprechende Auffangbehälter befinden. Man muss es dann nur wieder hochpumpen und der Reaktor läuft weiter.

Diese sogenannte *Schmelzsicherung* ist eines der hervorstechenden Merkmale des MSR, denn eine Kernschmelze ist damit durch rein passive Sicherheitsmechanismen unmöglich geworden. Ein Stromausfall hat übrigens genau die gleiche Wirkung: Die Kühlung der Schmelzsicherung fällt aus, das Salz in dem Ablaufrohr schmilzt und der Brennstoff fließt ab. Auch die reguläre Abschaltung des Reaktors läuft am Sinnvollsten über ein absichtliches Abschalten der Kühlung für die Schmelzsicherung. So hat man es am MSRE auch tatsächlich gemacht – am Freitagabend wurde die Kühlung abgeschaltet, und die Forscher konnten nach Hause gehen. Montag pumpte man das Salz wieder in den Reaktorkern. Reguläre Abschaltung und Notabschaltung unterscheiden sich beim MSR nicht, was ein unschätzbarer Sicherheitsvorteil ist. Ein weiterer Sicherheitsvorteil ist die starke Ausdehnung des Salzes bei Temperaturanstieg. Dadurch rücken die Kerne auseinander, und die Reaktivität sinkt. Diesen *Reaktivitätskoeffizienten* haben wir am Ende von Abschnitt 4.1 bereits angesprochen. Er ist beim MSR so stark negativ, dass auch kleine Leistungsexkursionen ausgeschlossen sind. Wird keine Wärme abgeführt, regelt sich der Reaktor ganz von selbst ab – er kann im sicheren Zustand kritisch bleiben, produziert dabei aber kaum Wärme.

Wie bereits erwähnt, landete das MSR-Konzept für viele Jahre in den Archiven. Weltweit setzte man bei Neuentwicklungen auf den SFR, in Deutschland baute man noch zusätzlich den THTR (populär als „Kugelhaufenreaktor“ bekannt, in der Generation IV als VHTR bezeichnet, s. Kap. 4.6). Erst um die Jahrtausendwende, nach über 20 Jahren Unterbrechung, griff man das MSR-Konzept verstärkt wieder auf, und es entwickelten sich Forschungsaktivitäten, vor allem in den USA (s. Ende Kap. 5.1.). Erwähnenswert ist auch eine Variante mit Thorium-Brutmantel, die von David LeBlanc und der kanadischen Firma *Terrestrial Energy* besonders favorisiert wird, der sogenannte Two-Fluid-Reaktor.[40] Insgesamt zeigten Berechnungen zum MSR, dass sich die Neutronenbilanz (s. Kap. 3) des MSR verbessert, wenn man die Menge des beim MSRE verwendeten Graphit-Moderators reduziert. Die heute vom Generation-IV-Forum propagierte Version des MSR enthält überhaupt kein Graphit mehr, so dass es sich nun um einen lupenreinen schnellen Reaktor handelt, den MSFR. In Europa wird vor allem von niederländischen und französischen Gruppen mit Unterstützung der EU an diesem Design geforscht. Seit mehreren Jahren gibt es vermehrt auch private Startups, die das Flüssigsalzkonzept in jeweils eigenen Varianten bewerben. Diese Aktivititäten sind im Abschnitt 5 dargestellt.

4.6 Bitte höhere Temperaturen!

In den 70er Jahren ging das Gespenst der baldigen Erschöpfung aller Ressourcen um, die das Leben der Menschen so angenehm machen. Verstärkt durch „Die Grenzen des Wachstums" des Club of Rome (s. Kap. 2.2) wurde ein Bild gezeichnet, in welchem die Menschheit in jeder Hinsicht an ihre Grenzen gelangen würde und schon in wenigen Jahren bis Jahrzehnten Kohle, Gas, Öl und Uran erschöpft seien. Heute wissen wir, dass dieses Bild nicht stimmt. Dennoch motivierte die Angst vor Knappheit teilweise originelle Entwicklungen. Die Befürchtung von Uranknappheit führte – wie im vorigen Kapitel beschrieben – zur Entwicklung der „schnellen Brüter", allgemein SFR genannt, der das Uran bis zu einhundert Mal besser ausnutzen konnte als die heutigen thermischen Reaktortypen. Mit schnellen Brütern kann man im Übrigen auch das viel häufiger in der Erdkruste vorkommende Thorium zur nuklearen Energiegewinnung nutzen. Die Angst vor Versiegen der Öl- und Gasreserven, die sich auch aus

[40] Vgl. David LeBlanc, The Curious Tale of Molten Salt Reactors, Präsentation vor der kanadischen Nukleargesellschaft, 2.5.2013.
www.cns-snc.ca/media/uploads/David-LeBlanc-02May2013.pdf

Benzinpreiserhöhungen speiste (die, wie wir heute wissen, noch nie durch wirkliche Knappheit motiviert waren), führte sogar dazu, dass man sich Gedanken über die Produktion künstlicher chemischer Treibstoffe machte. Dies war die Motivation für eine weitere nukleare Entwicklungslinie, den *Hochtemperaturreaktor*. Inzwischen hört man von solchen Plänen angesichts des deutschen „Atomausstiegs" natürlich nichts mehr.

Die Methoden, Kraftstoffe synthetisch herzustellen, beherrscht man schon seit etwa hundert Jahren, weiß aber auch, dass sie nicht billig sind.[41] Gelänge es, zu niedrigen Kosten hohe Temperaturen zu erzeugen, würden die Kosten entscheidend sinken.[42] Natürlich könnte man ausreichend hohe Temperatur auch in Kohle- oder Gasöfen erzeugen, doch dann würde man mehr fossile Stoffe verbrennen, als man an synthetischem Treibstoff erhält. Bei nuklear erzeugter Wärme ist dies anders, denn diese ist für mobile Anwendungen ohnehin kaum geeignet. Man erhält durch die nukleare Produktion synthetischer Kraftstoffe, also einen echten technischen Mehrwert – vorausgesetzt die Kosten stimmen. Die hohe Temperatur hat natürlich auch den Vorteil eines höheren Wirkungsgrads (bessere Brennstoffausnutzung) bei der Elektrizitätserzeugung.

Das Jahr 1971 war der Baubeginn eines Kernreaktors, der alle diese Probleme gleichzeitig lösen sollte. Die Idee kam aus den USA, aber in Deutschland sollte das Konzept zum ersten Mal kommerziell umgesetzt werden. Es war der unter Kapitel 4.3 schon erwähnte Thorium-Hochtemperatur-Reaktor („Kugelhaufenreaktor") mit 300 Megawatt elektrischer Leistung, kurz *THTR-300*. Er sollte

- eine bessere Ausnutzung des Kernbrennstoffs erlauben,
- neben Uran auch Thorium nutzen können,

[41] Paradebeispiel: Die Fischer-Tropsch-Synthese (1925) zur Verflüssigung von Kohle, aber auch das Haber-Bosch-Verfahren zur Herstellung von Ammoniak (1910) aus Stickstoff und Wasserstoff. Letzteres kommt sogar völlig ohne fossile Brennstoffe aus, wenn der Wasserstoff zum Beispiel elektrolytisch aus Wasser gewonnen wird.

[42] Z.B. das sog. HOT-ELLY-Verfahren.

- während des Betriebs auswechselbare Brennelemente enthalten und
- bei hoher Temperatur arbeiten und damit synthetische Kraftstoffe produzieren können.

Der letzte Punkt gab ihm seinen Namen, denn er arbeitete bei 1000 Grad Celsius, während heutige Druckwasserreaktoren nur bei 325 Grad Celsius arbeiten. Als Kühlung wurde etwas im nuklearen Bereich Neues ausprobiert, nämlich Helium. Das optisch auffälligste Merkmal waren jedoch die kugelförmigen Brennelemente, die man während des Betriebs wechseln konnte. Sie bestanden aus sechs Zentimeter großen Graphitkugeln, in die zigtausende kleinere Kügelchen eingebettet waren, die den eigentlichen Brennstoff enthielten, daher auch der alternative Name *Kugelhaufenreaktor*.

Über eine halbe Million solcher Graphitkugeln bildeten den Reaktorkern. Der Vorteil: Diese Kugeln konnten einfach aufeinandergeschüttet werden, so dass keine Halterungen und Strukturmaterialien benötigt wurden. Zwischen den Kugeln verblieb immer noch genug Platz, das kühlende Helium hindurchzublasen. Bereits 1966 bis 1988 wurde dieses Prinzip des „Kugelhaufenreaktors“ in Jülich am AVR-Reaktor („Arbeitsgemeinschaft Versuchsreaktor“) mit 13 Megawatt elektrischer Leistung getestet. 1985 ging dann der leistungsstärkere THTR-300 in Betrieb. Die Hochskalierung war allerdings von technischen Problemen begleitet, die in der mechanischen Belastung der Kugeln bestanden, wenn die Regelstäbe in den Haufen hineingefahren wurden. Auch die passive Wärmeabfuhr bei einem Kühlmittelausfall ist in dieser Leistungsklasse schwieriger. Es konnte aber demonstriert werden, dass ein Leistungsreaktor bei so hohen Temperaturen betrieben werden kann. Denn die Probleme waren nicht unlösbar.

Wir erinnern uns an Graphit: es ist ein Moderator. Der THTR-300 war damit ein thermischer Reaktor mit dem Problem einer nur unvollständigen Brennstoffnutzung, insbesondere bei festen Brennelementen. Ohne Graphit kann man den THTR-300 prinzipiell auch zu einem schnellen Reaktor umbauen, womit wir beim GFR sind, einem weiteren Konzept der Generation IV. Einen entsprechenden nicht-moderierenden Ersatzstoff für die Kugeln zu finden erwies sich aber als weitaus schwieriger, als diese wieder durch die altbewährten Brennstäbe zu ersetzen. Der GFR ist also kein Kugelhaufenreaktor mehr. Wegen steigender Kosten, verbunden mit enormen Verzögerungen beim Bau, der erwähnten Instabilität der Kugeln, sowie politischer Gründe (Tschernobyl) wurde der Reaktor vom Betreiber 1988 nach nur drei Betriebsjahren stillgelegt. Er rechnete sich einfach nicht, jedenfalls dieser Prototyp nicht. Ob dies generell für diese Art Reaktortyp gilt, wird man sehen, denn er wird nun in anderen Ländern weiterentwickelt (s. Kapitel 5.2 und 5.5). Einige Probleme sind tatsächlich inhärent für diesen Reaktortyp, andere waren Teil eines Lernprozesses, der bei der Entwicklung neuer Technologie generell unvermeidbar ist. Das Konzept selbst jedenfalls wurde in den Kanon der Generation-IV als VHTR aufgenommen.

4.7 Der Dual-Fluid-Reaktor – jenseits der Generation IV

Ein neues Reaktorkonzept, das erst im Jahr 2011 vorgestellt und seitdem in vielen Ländern patentiert wurde, ist der *Dual Fluid Reaktor* (DFR).[43] Wir erwähnen fairerweise, dass einer der Autoren an der Entwicklung dieses Konzepts beteiligt ist. Der Name beschreibt bereits das Prinzip: Durch den Kern laufen zwei Flüssigkeiten, eine trägt den Brennstoff, die zweite ist das Kühlmittel. Um die weitreichenden Konsequenzen dieser einfachen Grundidee zu verstehen, kommen wir nochmals auf den Flüssigsalzreaktor MSR zurück, bei dem ja ebenfalls der Brennstoff flüssig ist (s. Kap. 4.5). Der Brennstoff ist beim MSR ein flüssiges Salz, das durch den Reaktorkern geführt wird. Durch geschickte Rohrführung ist das Salz im Kern kom-

[43] Vgl. Webseite des Dual-Fluid-Reaktors: www.dual-fluid-reaktor.de

pakter, gerade so, dass es kritisch wird (s. Kap. 4.1) und Wärme produziert. Soweit ist das beim DFR auch nicht anders.

Doch nun kommt der entscheidende Unterschied: Beim MSR gibt es nur diese eine Flüssigkeit, die deshalb auch die Wärme nach außen führen muss. Beim DFR hingegen wird die produzierte Wärme noch im Reaktorkern auf ein zweites Medium übertragen und von diesem nach außen transportiert. Im MSR müssen beide Aufgaben, Brennstoffzufuhr und Wärmeabfuhr, vom selben Medium erfüllt werden – zwei Funktionen, die nur schlecht vereinbar sind. Beim DFR hingegen sind die Funktionen getrennt, so dass jeweils das optimale Medium ausgewählt werden kann. Um etwas konkreter zu werden: Das Flüssigsalz ist zwar ein gutes Trägermedium für den Brennstoff, z.B. in Form von Uran-Salzen. Es kann aber nur mäßig Wärme aufnehmen. Würde es zu einhundert Prozent aus Uransalzen bestehen, wäre die Wärmeproduktion so groß, dass diese vom Salz nicht mehr selbst aufgenommen werden könnte – der Reaktor würde überhitzen. Die Lösung beim MSR: Man verdünnt das Salz sehr stark. Dadurch sinkt aber die Leistungsdichte, und wie wichtig eine hohe Leistungsdichte für Effizienz und damit Wirtschaftlichkeit und Umwelt ist, wurde ja bereits in den Abschnitten 2.3 und 2.4 ausführlich dargestellt. Das heißt nicht, dass der MSR unwirtschaftlich ist, aber er könnte in Prinzip mehr leisten, darf dies nur nicht aufgrund dieser Doppelfunktion. Der DFR löst dieses Dilemma durch die getrennte Kühlflüssigkeit, z.B. flüssiges Blei. Ein Nachteil ist natürlich der komplexere Aufbau des DFR-Reaktorkerns, denn dort müssen zwei Flüssigkeiten in guten thermischen Kontakt gebracht werden, ohne dass diese sich vermischen, was eine aufwendige Rohrführung erfordert.

Dieser Nachteil wird jedoch durch enorme Vorteile wieder wettgemacht. Der Reaktorkern kann wegen der höheren Leistungsdichte wesentlich kleiner gebaut werden. Infolgedessen können Materialien von höchster Qualität ohne wesentliche Auswirkungen auf die

Kosten verwendet werden. Solche Materialien sind bei großer Hitze dauerhaft beständig, so dass eine Arbeitstemperatur von eintausend Grad Celsius möglich wird, was den DFR zu einem Hochtemperaturreaktor mit all seinen Vorteilen macht (s. Kapitel 4.6). Die hohe Temperatur erweitert auch das Spektrum geeigneter Brennstoffflüssigkeiten z.B. auf flüssige Uran-Metalle, was die Reaktor-Effizienz weiter erhöht. In einer begutachteten Publikation zum DFR wird vorgerechnet, dass die Stromerzeugung mit DFR-Kraftwerken Erntefaktoren (s. Kap. 2.4) bis zu 5.000 erreichen kann – das 50-fache heutiger Kernenergie.[44]

Zum DFR wird häufig die Kritik geäußert, dass es für derartig hohe Temperaturen keine passenden Materialien gibt, die dauerhaft einer Durchspülung von flüssigem Blei und Brennstoff (z.B. flüssigem Salz) standhalten. Dies ist jedoch ein Mantra der „alten" Kernindustrie, in der man es gewohnt ist, mit den Brennelementen auch deren gesamte Ummantelung zu entsorgen. Für den DFR können, wie gesagt, hochwertige Materialien (Refraktärmetalllegierungen, Siliziumcarbide SiC) eingesetzt werden, die seit Jahrzehnten bekannt sind. Ihre Bearbeitung war früher gerade wegen ihrer Widerstandsfestigkeit nur schwer möglich. Heute ist das aber Stand der Technik, und ihr Einsatz erfolgt sogar unter viel härteren Bedingungen als im DFR. So werden heute aus SiC Teile für Turbinen gefertigt, die Umgebungstemperaturen von 1500 Grad Celsius unter einem hochkorrosiven Gasstrom standhalten müssen.[45] Einen dominierenden Kostenfaktor stellt der Einsatz derartiger Materialien im DFR nicht dar.

Der DFR würde somit die Vorteile aller Generation-IV-Konzepte vereinen und dabei die Effizienz erheblich steigern. Als schneller Reaktor mit flüssigem Brennstoff nutzt er die Ressourcen vollständig

---

[44] Begutachtete Fachpublikation zum DFR: The Dual Fluid Reactor. A novel concept for a fast nuclear reactor of high efficiency, Annals of Nuclear Energy, Vol. 80, Juni 2015. Vgl. http://dx.doi.org/10.1016/j.anucene.2015.02.016

[45] Vgl. NASA: Silicon Carbide (SiC) Fiber-Reinforced SiC Matrix Composites, https://technology.nasa.gov/patent/LEW-TOPS-25, 26.9.2018.

ohne geologisch endzulagernde Stoffe zu hinterlassen. Berechnungen zeigen, dass die Neutronenökonomie (s. Kap. 4.1) besser ist als bei anderen Reaktoren, so dass auch Thorium und sogar der heutige „Atommüll" vollständig nutzbar werden.[46] Freilich ist er bisher nur ein Papierkonzept, das aber in zehn Jahren umgesetzt sein könnte, ganz im Gegensatz z.B. zur Kernfusion, die noch in einem frühen Forschungsstadium steckt.

4.8 Groß oder klein, was ist wirtschaftlicher?

Ein Trend, der sich vor allem in den USA durch Subventionen und neu gegründete Unternehmen bemerkbar macht, sind sogenannte *Small Modular Reactors* (SMRs, kleine modulare Reaktoren).[47] Die Idee dahinter ist einfach: Statt riesiger Reaktorprojekte mit langen Bauzeiten (Musterbeispiel EPR, s. Kap. 3.6), wofür jeweils eine individuelle Lizenz für den Betrieb erarbeitet werden muss, entwickelt man einen modularen Serientyp mit Serienlizenz. Dieser wird dann vollständig gekapselt angeliefert, so dass keine weitere atomrechtliche Genehmigung eingeholt werden muss. Nach dem „Verbrauch" des Brennstoffs wird der Reaktor wie eine Pfandflasche wieder abgeholt. Vor allem sicherheitstechnische Vorteile haben diesen Trend verstärkt. Baut man einen Reaktor nämlich ausreichend klein, so kann eine Kernschmelze ausgeschlossen werden (s. Ende Kap. 3.5). Die Leistung der Restzerfallswärme ist dann so klein, dass diese rein passiv abgeführt werden kann. So wie eine kleine Kartoffel schneller abkühlt als eine große. Es gibt etwa ein Dutzend unterschiedlicher SMR-Konzepte. Keines stellt jedoch eine wirkliche Neuerung dar. Die meisten sind herunterskalierte Druckwasserreaktoren, welche ihrerseits ja bereits hochskalierte U-Boot-Reaktoren waren. Man

[46] Vgl. Xiang Wang, Analysis and Evaluation oft he Dual Fluid Reacator Concept (Diss.), München 2017. https://mediatum.ub.tum.de/1343008

[47] Vgl. World Nuclear Association (WNA): Small Nuclear Power Reactors, Juli 2018. www.world-nuclear.org/information-library/nuclear-fuel-cycle/nuclear-power-reactors/small-nuclear-power-reactors.aspx

nähert sich also wieder dem ursprünglichen Design. Wobei die SMRs natürlich mit modernsten aktiven und passiven Sicherheitsmechanismen ausgestattet werden. Sie sind deshalb am ehesten zur Generation III+ zu zählen.

Ein Kraftwerk stellt man sich dann als Batterie mehrerer solcher Reaktormodule vor, die gemeinsam Turbinen antreiben. Fällt ein Modul aus, so muss nicht das gesamte Kraftwerk abgeschaltet und ein neues Modul kann schnell nachgeliefert werden. So verführerisch diese Vorteile erscheinen, so gravierend sind die Nachteile. Statt eines Reaktorkerns hat man nun mehrere. Jeder benötigt einen eigenen Druckbehälter mit eigenen Sicherheitssystemen und eigenen Anschlüssen für die Kühlung. Die Module haben einen Mindestabstand, so dass sich die Gesamtleistung des Kraftwerks über ein großes Volumen verteilt. Der nukleare Teil bekommt damit gewaltige Dimensionen. Wir erinnern uns an Abschnitt 2.3, wo wir die Leistungsdichte als Haupttreiber für Effizienz und Wirtschaftlichkeit ausgemacht haben. Deshalb ist die Wirtschaftlichkeit von SMRs in Frage zu stellen. Tatsächlich hat sich noch kein einziger SMR am Markt etablieren können. Für seine geringe Leistung sind die Herstellungskosten einfach zu hoch, trotz bereits viele Jahre andauernder Entwicklungen und Subventionen. Er wird deshalb sehr wahrscheinlich ein Nischenprodukt bleiben. In gewisser Weise sind SMRs ein Anachronismus, denn als meist thermische und vor allem gekapselte Reaktoren lösen sie weder das nukleare Abfallproblem noch das der effizienteren Nutzung des Uranbrennstoffs. Sie stellen eher eine Rückwärtsentwicklung dar. Mit „klein" ist hauptsächlich die elektrische Leistung gemeint. Diese liegt bei heutigen Kernreaktorblöcken bei etwa 1.500 Megawatt, während die SMRs eher Leistungen von wenigen hundert Megawatt haben, oft auch noch darunter. Da man jeden Reaktortyp kleiner bauen kann, findet man auch praktisch jedes bereits beschriebene Konzept der Generation IV bei den SMRs wieder.

5] Aktuelle Entwicklungen

Das in der Einleitung erwähnte Ende des Stillstands beim Bau neuer Kernkraftwerke führte auch zu einer weltweiten behutsamen Wiederbelebung alter Forschungsprogramme an den Reaktorkonzepten der Generation IV. Nicht alle im Generation-IV-Forum vertretenen Länder nehmen jedoch aktiv an dieser Wiederbelebung teil. Bemerkenswerte staatliche Anstrengungen gibt es nur in den USA, Europa, Japan, Russland, Korea, China und Indien. Dieses letzte Kapitel gibt eine Übersicht der wichtigsten Aktivitäten in diesen Ländern. Warum gerade ein bestimmter Typ der Generation IV in einem bestimmten Land entwickelt wird, ist oft nur aus dem historischen Kontext zu verstehen, der hier ebenfalls dargestellt werden soll. Somit wird hier auch auf die Geschichte der Kernenergie eingegangen, wie sie sonst kaum als komprimierter Überblick erhältlich ist.

5.1 USA und Kanada

Die USA sind das Mutterland der Kerntechnik. 1942 ging in Chicago der erste Kernreaktor der Welt im Rahmen des Manhattan-Projekts (Bau der Atombombe) in Betrieb, damals mit dem vorrangigen Ziel, Uran in waffenfähiges Plutonium umzuwandeln. Fast alle Überlegungen zum Moderator, zum Kühlmittel, zum Neutronenspektrum (d.h. ob schneller oder thermischer Reaktor, s. Kap. 4.1) lagen hier bereits auf dem Tisch. Erst zum Kriegsende machte man sich zügig an den ersten *stromproduzierenden* Reaktor, der 1951 in Betrieb ging. Es mag überraschen, dass hier weder Wasser noch Graphit, sondern überhaupt kein Moderator verwendet wurde. Als Kühlung wurde flüssiges Natrium eingesetzt, es war also der SFR, der heute, 70 Jahre später, als „zukünftige Generation" bezeichnet wird! Dieses EBR-I (Experimental Breeder Reactor) genannte Projekt steht übrigens in engem Zusammenhang mit dem im Kapitel 4 erwähnten

Tests für einen nuklearen Flugzeugantrieb, aus denen außerdem das Konzept des Flüssigsalzreaktors MSR hervorging, heute ebenfalls im Generation-IV-Kanon der „Zukunft".

Beide Konzepte der Generation IV, SFR und MSR, liefen also bereits in den USA, bevor überhaupt der erste kommerzielle Kernreaktor ans Netz ging. Dennoch fiel die Entscheidung für die kommerzielle Stromerzeugung letztendlich zugunsten der wassermoderierten Reaktoren. Die Gründe wurden in Kapitel 3.7 ausführlich diskutiert. Die anderen Konzepte waren nur noch Gegenstand der „Forschung", wobei diese auch am MSR schließlich in den 70er Jahren zugunsten des EBR-Experiments eingestellt wurde (s. Kap. 4.5), eine Entscheidung, die eher politisch als sachlich begründet war. Dem MSR in den USA haben wir bereits ein eigenes Kapitel (4.5) gewidmet. Das EBR-I-Projekt endete 1964. Es folgte noch EBR-II (20 Megawatt elektrische Leistung), während man sich 1983 an die Entwicklung eines kommerziellen Nachfolgers, des „Integral Fast Reactor" (IFR), machte. Beide Programme wurden schließlich 1994 in der oben erwähnten Phase der Stagnation eingestellt. Seitdem gibt es in den USA keinen Generation-IV-Reaktor mehr.

Die USA sind mit 800 Terrawattstunde (20 Prozent des Inlandbedarfs ihres Stroms) als Staat der mit Abstand größte Nuklearstromerzeuger der Welt. Nur Europa liegt etwas darüber. Dazu trägt jedoch kein einziges Konzept der Generation IV bei. Im Jahr 2000 noch Initiator des Generation-IV-Forums, ist die einschlägige staatliche Forschung der USA praktisch zum Stillstand gekommen. Neben weiteren Gründen ist es wohl der große Anteil an alter Reaktortechnik, die einfach zu gut funktioniert. Kernkraftwerke, deren Betriebsgenehmigung nach 40 Jahren auszulaufen drohte, haben noch eine 20-jährige Verlängerung erhalten. Der Druck, etwas Neues zu entwickeln, ist in den USA deshalb viel zu gering.

Gleichzeitig zeichnet sich aber, ähnlich wie in der Raumfahrt, eine Parallelentwicklung ab, die Privatisierung. 70 Prozent der nuklearen Stromkapazität sind bereits in der Hand von privaten Versorgern. Die Entwicklung der Generation IV haben ebenfalls Privatfirmen übernommen. Viele ihrer Konzepte sind als modulare Kleinreaktoren (SMRs) ausgelegt, deren wirtschaftliche Fragwürdigkeit wir bereits in Abschnitt 4.8 diskutiert haben. So übernahm nach dem Ende des oben erwähnten EBR und IFR die Firma *General Electric* (GE), bereits seit 1955 Reaktorbauer, vollständig das Nachfolgeprojekt. Unter dem Namen „Power Reactor Innovative Small Module“ (PRISM), zu Deutsch etwa „Innovativer Kleinmodul-Leistungsreaktor“ sollte die kommerzielle Version des IFR entwickelt werden, was nach über 20 Jahren und einigen Stillstandphasen in Zusammenarbeit mit dem japanischen Mischkonzern Hitachi zu *GE Hitachi* (GEH) immerhin zu einem lizensierten Entwurf führte. Seitdem ist das Vorhaben in seiner letzten Phase zum Spielball der politischen Strömungen geworden. Präsident George W. Bush befürwortete die Lizensierung. Sein Nachfolger Barak Obama strich dagegen alle Mittel. Donald Trump wiederum scheint der Generation IV gegenüber aufgeschlossener zu sein.

Weitere „old player“ sind *General Atomics* (GA) und *Westinghouse* mit dem „Gas Turbine Modular Helium Reactor“ (GT-MHR), entsprechend den Generation-IV-Konzepten des gasgekühlten schnellen Reaktors (GFR), aber durch die hohe angestrebte Temperatur (bis 1000 Grad Celsius) auch dem eines Hochtemperaturreaktors VHTR. Der HT-MHR wird zusammen mit russischen und französischen Firmen entwickelt. *Westinghouse* entwickelt ebenfalls ein SFR-Konzept, basierend auf Thorium, den „Thorium-fueled Advanced Recycling Fast Reactor for Transuranics Minimization“. Es gibt aber auch nukleare Startup-Unternehmen. So gründete der Multimilliardär Bill Gates (Microsoft) im Jahr 2006 *Terrapower*, mit dem Ziel, einen „Travelling Wave Reactor“ (TWR), zu deutsch „Laufwellenreaktor“ zu entwickeln. In der konkreten Form wurde dieser allerdings zu einer Variante des SFR, und *Terrapower* verfolgt nun auch andere Konzepte wie z.B. einen Flüssigsalzreaktor. Da die Firma relativ groß in den Markt einsteigt, z.B. durch Anteile von großen Risikokapitalfirmen sowie die Einstellung von Ingenieuren, Wissenschaftlern und Managern, die vormals bei Siemens, Areva und ähnlichen Firmen arbeiteten, sind hier schon bald Ergebnisse zu erwarten. Prototypen werden aber wohl nicht in den USA, sondern eher in China gebaut werden, wie es Verträge mit CNNC, dem großen staatlichen chinesischen Kernkraftwerksbetreiber, andeuten. Weitere erwähnenswerte Startups sind *Gen4* (vormals *Hyperion*) mit einem bleigekühlten Reaktorkonzept (LFR), ebenfalls als modularer Kleinreaktor ausgeführt, *Hybrid Power Technologies* mit einem weiteren GFR-Konzept, sowie *Transatomic Power* mit einer angeblichen Variante des MSR, die sich aber 2017 durch ein Gutachten des MIT als funktionsuntüchtig herausstellte.[48]

Da der MSR (s. Kap. 4.5) besonders zukunftsweisend ist, seien hier neben den erwähnten Firmen *Terrapower* (noch nicht konzeptioniert) und *Transatomic Power* (Konzept gescheitert) noch die kanadische Firma *Terrestrial Energy* mit dem „Integrated Molten Salt Reactor“ (IMSR) genannt, der Ende 2017 bereits eine Vor-Lizenzierung erhielt. Man beachte, dass die Kanadier auch stark das Two-Fluid-Konzept favorisieren (s. Ende Kapitel 4.5). Schließlich sei noch *Flibe Energy* mit dem „Liquid Fluoride Thorium Reactor“ (LFTR) erwähnt. Der LFTR, gesprochen „Lifter“, wird als Aushängeschild für die Nutzung von Thorium stark beworben, obwohl es konzeptionell zur Urannutzung kaum einen Unterschied gibt. Auch diese Konzepte sind weitgehend in der Entwurfsphase und stellen kaum eine Neuerung gegenüber dem allgemeinen MSR-Konzept dar. Es bestehen aber Aussichten auf eine zukünftige Umsetzung.

---

[48] Vgl. Meldung des MIT zum Gutachten des TAP-Reaktors: Nuclear Energy Startup Transatomic Backtracks on Key Promises, 24.02.2017.
www.technologyreview.com/s/603731/nuclear-energy-startup-transatomic-backtracks-on-key-promises

Die Entwicklung der Generation-IV-Konzepte in den USA und Kanada schreitet also voran, aber sehr langsam und weitgehend ausgelagert in den Privatsektor. Erfreulich ist, dass auch einige MSR-Konzepte darunter sind. Viel hängt von der politischen Lage, aber auch von der Versorgungssituation mit Erdöl und Erdgas ab. Im Prinzip könnte der Bau einer Generation-IV-Anlage aber mit dem heutigen Entwicklungsstand sehr schnell erfolgen.

5.2 Europa

Kriegsbedingt später als in den USA wurde auch in (West-)Europa schon früh mit dem natriumgekühlten schnellen Reaktorkonzept SFR experimentiert. Abbildung 5.1 zeigt die entsprechende Zeitleiste der Europäischen SFR-Entwicklungen und die thermischen Leistungen der Reaktoren. Großbritannien begann damit 1958, stellte sein Programm aber 1994 endgültig ein. Frankreich hingegen blieb dran und baute mit Superphénix den leistungsstärksten SFR, der je betrieben wurde, allerdings nicht problemlos. Es gab Natrium-Leckagen mit teils jahrelangen Stilllegungen. Deshalb lief der Vorgänger Phénix auch eine ganze Zeit weiter und überlebte ihn um viele Jahre, bis auch er 2010 abgeschaltet wurde. Seitdem ist die EU ohne laufenden Reaktor der Generation IV.

Deutschland wurde bis 1955 durch die Allierten jegliche Nuklearforschung verboten. Das wissenschaftlich-technische Know-How war aber noch vorhanden, und so konnte man schnell in der Druckwassertechnik vorne mitspielen. An den SFR wagte man sich erst in den 60er Jahren mit der „Kompakten Natriumgekühlten Kernreaktoranlage Karlsruhe“ (KNK) heran, die später in den Leistungsreaktor SNR-300 in Kalkar münden sollte. Das Schicksal dieses „Schnellen Brüters“ ist bekannt: Trotz immer aggressiverer Proteste der Anti-Kernkraft-Bewegung war der Bau 1985 fertiggestellt, 1986 kreiste bereits das Natrium im Kühlsystem und alle Betriebsgenehmigungen bis auf die endgültige Inbetriebnahme waren erteilt.[49] Diese letzte Genehmigung wurde dann von der neuen NRW-Landesregierung nach dem Regierungswechsel verweigert – eine illegale Maßnahme, wie ein späteres Gerichtsurteil feststellte. Der verantwortliche NRW-Wirtschaftsminister Reimut Jochimsen (SPD) verzögerte zuerst ein innovatives, genehmigtes, milliardenschweres Projekt und trieb es schließlich in die Pleite. 1991 wurde auch KNK-II abgeschaltet, so dass Deutschland aus der SFR-Entwicklung ausstieg, ohne dass es dafür sachliche Gründe gab.

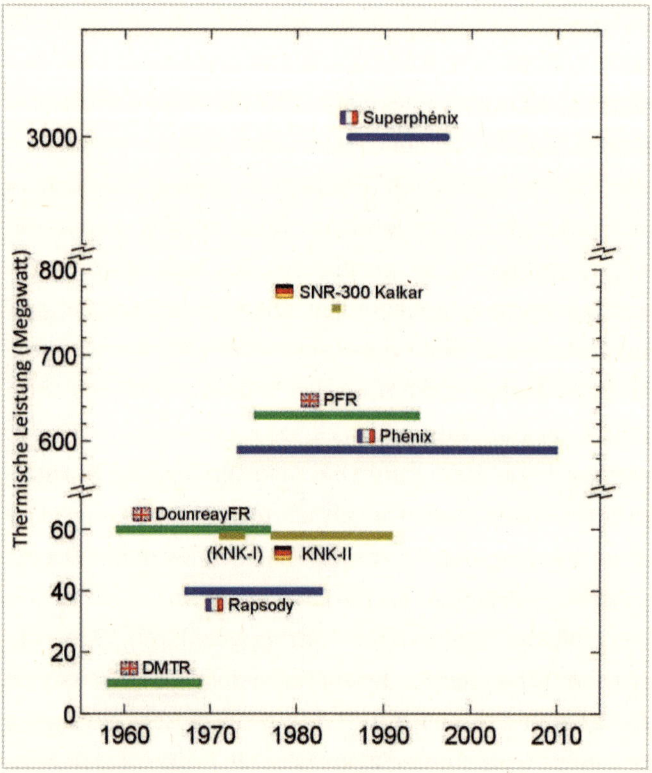

Abb. 5.1: Westeuropäische SFR-Projekte

[49] Vgl. Willy Marth: Meine Erlebnisse an deutschen Kernreaktoren und Wiederaufarbeitungs-anlagen, Norderstedt 2014.

Neben dem SFR gab es auch Hochtemperatur-Reaktoren (VHTR) in Europa. Im Süden Englands lief von 1965 bis 1975 ein britisch-europäisches Projekt mit dem Namen „DRAGON“, welches ebenfalls 1994 eingestellt wurde. Seitdem hat das Vereinigte Königreich keinen Reaktor der Generation IV mehr. Bekannt ist auch die deutsche Variante des VHTR, der THTR-300 in Hamm-Uentrop (s. Kap. 4.6), der zumindest ein paar Jahre laufen konnte. Nach Tschernobyl fand jedoch auch dieses Projekt keine politische Unterstützung mehr, und die teure Anlage wurde 1989 stillgelegt. Das gesamte Know-How und die Anlagen wanderten nach China (s. Kap. 5.5). Aber auch in Südafrika versuchte man, den THTR als „Pebble Bed Modular Reactor“ (PBMR) wieder auferstehen zu lassen. 2010 gab man diesen Plan endgültig auf. Bemerkenswert ist, das Polen das VHTR-Konzept Anfang 2018 in die offizielle Roadmap aufgenommen hat.[50]

Heute läuft in der Europäischen Union keine einzige Versuchsanlage der Generation IV. In den 80er Jahren wollte man noch die SFR-Erfahrungen aus Frankreich, Deutschland und Großbritiannien in dem gemeinsamen Nachfolgeprojekt „European Fast Reactor“ EFR bündeln. Doch seit dem kompletten Ausstieg Deutschlands wurde dieser Plan im Jahr 2010 durch den französischen „Advanced Sodium Technological Reactor for Industrial Demonstration“ (ASTRID) abgelöst. ASTRID soll 600 Megawatt Elektrizität liefern, das grundlegende Design hierfür ist so gut wie abgeschlossen, aber eine Entscheidung für den Bau steht noch aus. Der Zustand ist damit ganz ähnlich dem PRISM-Projekt in den USA (s. Kap. 5.1).

Neben den großen Projekten, bei denen die Durchführbarkeit und Leistungsfähigkeit bereits durch den Bau großer Anlagen bewiesen wurde, haben sich in den letzten Jahren noch weitere Projektgemeinschaften gegründet. Auf Initiative von Frankreichs staatlichem

---

[50] Vgl. Polnische Roadmap für die Generation IV. Sie enthält nur den VHTR (=HTGR) und den Dual Fluid Reaktor (DFR, siehe Report 1). www.me.gov.pl/node/28011

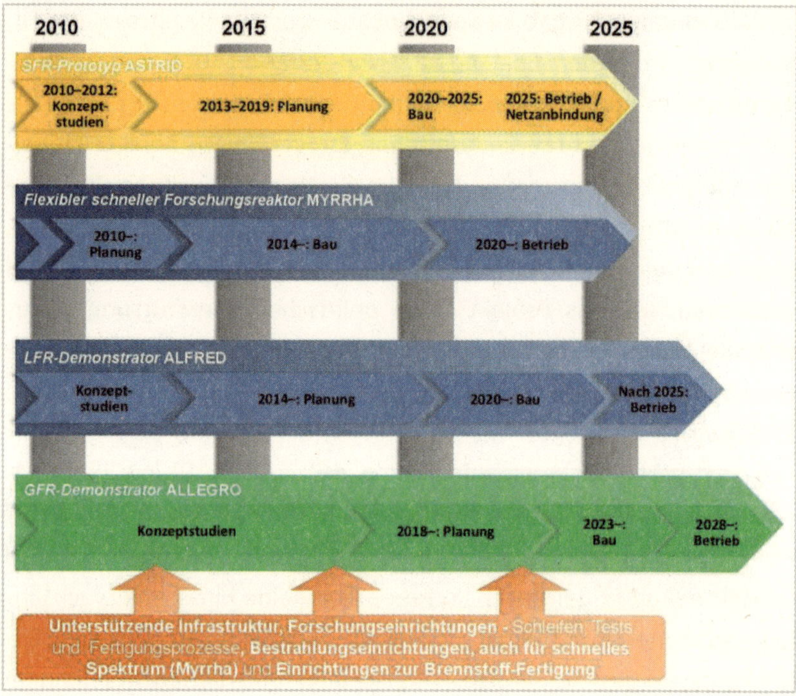

Abb. 5.2: Roadmap der „European Sustainable Nuclear Industrial Initiative" (ESNII). Der VHTR wird unter „Nuclear Cogeneration" getrennt gefördert, der MSR hingegen taucht in der Agenda gar nicht auf.

Kernforschungszentrum (CEA) hin wurde im Jahr 2010 ein weiterer Versuch gestartet, den gasgekühlten schnellen Reaktor GFR umzusetzen (zur Brauchbarkeit dieses Konzepts s. Kap. 4.4). Dazu schloss sich CEA mit entsprechenden Einrichtungen der Visegrád-Gruppe (Polen, Tschechien, Slowakei und Ungarn) zu ALLEGRO zusammen. Desweiteren bildete sich im Jahr 2013 ein Konsortium aus italienischen und rumänischen Behörden und Firmen, um in Rumänien den „Advanced Lead Fast Reactor European Demonstrator" (ALFRED) zu entwickeln und zu bauen. Dabei handelt es sich um das Generation-IV-Konzept des bleigekühlten schnellen Reaktors LFR. Ebenfalls einen LFR, aber kombiniert mit einem gigantischen Protonenbeschleuniger, plant schon seit längerem Belgien als beschleunigergetriebenes unterkritisches System (ADS), hier genannt MYRRHA (Multi-purpose hYbrid Research Reactor for High-tech Applications). All diese Projekte wurden in die EU-Roadmap der Generation-IV-Projekte aufgenommen (s. Abb. 5.2) und erhalten dadurch besondere Fördermöglichkeiten, die sich bisher allerdings lediglich auf Versprechen beschränken.

Dazu kommt von den Generation-IV-Konzepten noch der Flüssigsalzreaktor MSR (Kap. 4.5), oder allgemein Konzepte mit flüssigem Brennstoff, zu denen auch der deutsche Dual Fluid Reaktor (DFR, Kap. 4.7) zählt. Wie mehrfach dargelegt sind Reaktoren mit flüssigem Brennstoff mit Abstand am vielversprechendsten, werden aber auch in der EU am lieblosesten behandelt. Nicht einmal in die offizielle Roadmap haben die Entscheidungsträger der EU den MSR oder DFR bisher aufgenommen. Lediglich ein kleines Forschungsprojekt mit einigen Tests zu Fluoridsalzen wird mit wenigen Millionen Euro unterstützt – SAMOFAR, welches bezeichnenderweise „Safety Assessment of the Molten Salt Fast Reactor“ (Sicherheitsabschätzung des Flüssigsalzreaktors) bedeutet, also eigentlich gar keine Reaktorentwicklung beschreibt.[51] „Zu wenig, etwas zu entwickeln, aber gerade genug, um die Forscher ruhig zu stellen. Wenn man ein Projekt verhindern will, könnte man es nicht besser tun!“ meinte der SAMOFAR-Leiter Jan L. Kloosterman dazu.[52]

Das DFR-Konzept erhält überhaupt keine Unterstützung, weder in Deutschland noch in der EU. Überraschend hat Anfang 2018 aber nun Polen die Rolle eines Vorreiters angenommen und dieses Konzept immerhin in die offizielle Agenda übernommen. Ob daraus eine wirkliche Entwicklung folgt, steht allerdings noch in den Sternen. In Brüssel scheint man sich hingegen auf das Gründen von immer mehr „Initiativen“ (ESNII, SNE-TP, MDEP, INPRO, um nur einige Ak-

[51] Vgl. Webseite von SAMOFAR: http://samofar.eu
[52] Persönliches Gespräch mit Jan L. Kloosterman am Rande der ICAPP-2015 in Nizza.

ronyme zu nennen) zu beschränken, in denen dann Richtlinien, Klassifizierungen, Nachhaltigkeitskriterien, Ethikvorschriften u.v.m. erarbeitet werden. Die staatliche Unterstützung der Generation-IV-Forschung reicht dagegen gerade für die Kompetenzerhaltung weniger Wissenschaftler und Ingenieure aus, die dann ihre Papierkonzepte etwas verfeinern dürfen. Eine Absicht, eines dieser Konzepte wirklich umzusetzen, ist jedoch kaum zu erkennen.

5.3 Sowjetunion und Russland

Die Sowjetunion war ein von Planwirtschaft geprägter Staat mit Großmachtanspruch. Der marode Zustand der Industrie musste durch originelle Ersatzlösungen und geringe Sicherheitsstandards ausgeglichen werden. Weil zum Beispiel große Druckbehälter für wassergekühlte Reaktoren nicht so einfach herstellbar sind, entschied man sich für Druckröhren, zudem diese den weiteren Vorteil der einfachen Entnahme von waffenfähigem Plutonium boten. Außerdem wurde mit dem leicht entflammbaren Graphit moderiert, wodurch der Anreicherungsaufwand verringert und das Plutoniumbrüten verbessert wurde. So entstand der „Hochleistungsreaktor mit Kanälen“ (RBMK), der nach westlichen Sicherheitsmaßstäben als ziviler Leistungsreaktor nie eine Genehmigung erhalten hätte. Seit dem Reaktorunfall 1986 in Tschernobyl ist offenkundig geworden, warum.

Eine zivile Anwendung von Nukleartechnik wurde anfänglich bestenfalls als Nebenprodukt angesehen, denn Militärisches stand an erster Stelle. Dennoch wurde 1954 ein erster Reaktor (Vorläufer des RBMK) südlich von Moskau mit dem Stromnetz verbunden, als erster weltweit, wenn auch nur mit fünf Megawatt. Es folgten viele weitere nach RBMK-Bauart mit immer größerer Leistung. Erst 1964 stieg man in die wassermoderierte Druckwassertechnik ein. Diese WWER („Wasser-Wasser-Energie-Reaktor“) genannte Reaktorserie wird noch heute von Russland weiterentwickelt und verkauft. Das stillgelegte Kernkraftwerk Lubmin bei Greifswald ist beispielsweise mit solchen Reaktoren ausgestattet.

Druckwasserreaktoren werden in Russland auch für Eisbrecher eingesetzt – große Schiffe, die fernab jeder Infrastruktur in einer unwirtlichen Umgebung monatelang auf sich selbst gestellt sind. Ein solcher erreichte 1977 als erstes Schiff den geographischen Nordpol. Im Sommer, wenn diese riesigen Atomeisbrecher nutzlos sind, werden sie übrigens für touristische Polarexpeditionen angeboten, allerdings mit 27.000 Euro pro Person nicht ganz billig.[53]

Da diese Schiffe in entlegenen Regionen mit nuklearer Vollversorgung jederzeit vor Anker gehen können, wurde dieses Konzept zu einem *schwimmenden Kernkraftwerk* ausgebaut. Anfang 2018 erteilten die Behörden der in Sankt Petersburg gebauten „Akademik Lomonossow“ die Betriebsgenehmigung. Dort verließ sie die Werft und wird nun mit Brennelementen für zwei Reaktoren des Typs KLT-40 mit 150 Megawatt thermischer Leistung ausgestattet – Reaktoren, die der Generation III zuzurechnen sind.

Die ersten Aktivitäten in Generation IV begannen 1964 unweit Jekaterinburg mit dem Kernkraftwerk Belojarsk. Als erstes wurde dort erprobt, das *bewährte* RBMK-Design mit superkritischem Wasser zu betreiben, indem man Druck und Temperatur in den Röhren weiter erhöhte. Somit war das Generation-IV-Konzept des SCWR umgesetzt, wenn auch mit Druckröhren anstatt mit Druckkessel. Die Anforderungen an die Materialien waren natürlich höher. 1977 kam es sogar zu einer Kernschmelze, bei der auch Menschen Schaden nahmen. Es wurden nur zwei Reaktoren dieser Art gebaut. 1964 begann zeitgleich in Kasachstan der Bau des BN-350, dem ersten Reaktor der BN-Reihe (*BN* ist die russische Abkürzung für Schneller Brüter), der allerdings erst 1973 fertiggestellt war. Mit dem BN-350 hatte man nun auch in der Sowjetunion das SFR-Konzept als Leistungsreaktor umgesetzt, sogar mit folgender Besonderheit: Er wurde mit

[53] Vgl. Ulf Mauder: Kurs 90° N – Kreuzfahrt im russischen Eisbrecher, Spiegel Online, 22.9.2015.

seinen 1000 Megawatt thermischer Leistung zur Meerwasserentsalzung eingesetzt (die Zahl 350 bezeichnet die nutzbare Leistung). Der BN-350 lief beachtliche 21 Jahre lang. Die nachfolgenden BN-Reaktoren wurden dann wieder in Belojarsk errichtet.

Die BN-Reihe, nun in der Hand von russischen Staatsbetrieben, setzte sich bis heute mit immer weiter gesteigerter Leistung fort. 1980 mit dem BN-600 mit 600 Megawatt elektrischer Leistung, der noch heute läuft, 2014 schließlich mit dem BN-800 mit 789 Megawatt, der seit November 2016 in vollem kommerziellen Betrieb ans russische Stromnetz angeschlossen ist. Der BN-800 war übrigens schon seit 1984 in Bau, aber es kamen der Tschernobyl-Unfall 1986 und der Zusammenbruch des sowjetischen Imperiums dazwischen. BN-600 und BN-800 sind momentan weltweit die einzigen laufenden SFR-Leistungsreaktoren. Als Nachfolger ist der BN-1200 geplant. In Russland wird also nicht nur auf dem Papier entwickelt. Der BN-1200 wäre sogar vielleicht schon fertig, hätte Russland nicht vor einiger Zeit entschieden, seine finanziellen Mittel in Diversität statt nur in Tempo zu stecken und gleichzeitig mehr privates Investment zuzulassen. Dies war eine vermutlich kluge Entscheidung, denn so kam auch der bleigekühlte schnelle Reaktor LFR zum Zuge.

Die Idee, flüssiges Blei als Kühlmittel für einen Kernreaktor zu verwenden, entstand bei den Sowjets bereits 1957 für den Antrieb von U-Booten. Gefordert war hier ein hocheffizienter kompakter Reaktorkern mit hoher Leistung. Rund ein Jahrzehnt später war das erste U-Boot dieser *Alfa-Klasse* einsatzbereit (Kap. 4.4). Das Kühlmittel war nicht reines Blei (Pb), sondern eine Blei-Bismut-Legierung (Eutektikum, s. Ende Kap. 4.4), kurz Blei-Bismut, wodurch die Schmelztemperatur von 330 Grad Celsius auf 125 Grad Celsius herabgesetzt wurde. Ein ungewolltes Einfrieren war dadurch unwahrscheinlicher. Der Nachteil besteht allerdings darin, dass Bismut nicht nur sehr korrosiv ist, sondern sich im Neutronenbad des Reaktors das gefährliche Nebenprodukt Polonium-210 bildet – jenes Nuklid, mit dem 2006 der ehemalige russische Agent und Buchautor Alexander Walterowitsch Litwinenko auf grauenvolle Art ermordet wurde. Da eine hohe Betriebstemperatur mit heutigen Materialien gut beherrschbar ist, werden inzwischen beide Varianten, die mit Blei und die mit Blei-Bismut, getestet. Allgemein nennt man solche Reaktoren „Heavy Liquid Metal Reactor" (HLMR).

Das heutige Russland entwickelt somit zwei HLMR-Leistungsreaktoren, den 100 Megawatt (elektrisch) starken blei- und bismutgekühlten SVBR-100 und den Blei-gekühlten BREST-OD-300 mit 300 Megawatt, der später durch den BREST-1200 mit 1200 Megawatt abgelöst werden soll. Der SVBR-100 (zu deutsch: Blei-Bismut-Schneller-Reaktor) ist ein typischer modularer Kleinreaktor (Kap. 4.5). Einsatzgebiete sind somit kleinere, fernab gelegene Städte, aber auch Schiffsantriebe. Sogar ein Zusammenschluss von bis zu 16 Einheiten zu einem Großkraftwerk ist möglich. Von der russischen Atomaufsicht wurde bereits die Lizenz erteilt, und seit 2017 verhandelt man über den konkreten Baubeginn in Dimitrovgrad. Der BREST-OD-300 ist dagegen noch nicht ganz so weit, doch sind die Pläne hier auch ambitionierter: BREST-OD-300 ist nicht nur ein Reaktor, sondern beinhaltet eine komplette Infrastruktur zur Aufarbeitung für einen geschlossenen Brennstoffkreislauf. Hierzu wurde zunächst eine eigene Brennstofffabrik in Tomsk gebaut, die schon bald nach 2017 in Betrieb gehen soll.[54] Der Bau des Reaktors erfolgt später. Er gilt als Prototyp für den BREST-1200, der noch in der Planungsphase ist.

Zusammenfassend kann man festhalten: Die Russen reden und planen nicht nur, sie handeln. In einem stark zentralistischen Staat ist diese Vorgehensweise allerdings auch viel leichter durchsetzbar. Als einziges Land versucht Russland gleich zwei Generation-IV-Konzepte, den SFR und den LFR, zur kommerziellen Reife zu bringen. Russland ist momentan das einzige Land, in dem es laufende Reak-

---

[54] Vgl. Riatomsk-Meldung: Rosatom allocate 7 billion rub for „Proryv" project at SCP in 2017, 16.2.2017. www.riatomsk.ru/article/20170216/rosatom-allocate-7-billion-rub-for-proryv-project--at-scp-in-2017

toren der Generation IV gibt. Man darf erwarten, dass von hier in den nächsten Jahren ganz wesentliche Impulse für den weltweiten Markt ausgehen werden.

5.4 Indien

Auch Indien stieg relativ früh in die kommerzielle Nutzung der Kernenergie ein, allerdings zunächst ohne Eigenentwicklungen. Nach dem Leichtwasser-Forschungsreaktor APSARA, der mit britischer Hilfe und amerikanischen Brennelementen ab 1956 gebaut und betrieben wurde, kaufte man sich in Kanada ein, wo man an der Entwicklung eines Schwerwasserreaktors CANDU arbeitete, der mit Natururan betrieben werden konnte. Eine modifizierte Version, das „Canadian-Indian Reactor Uranium System“ CIRUS, ging mit 40 Megawatt elektrischer Leistung 1960 in Betrieb. Die CANDU-Reihe ermöglicht den Wechsel der Brennelemente während des Betriebs, was diesen Reaktortyp besonders geeignet für die Entnahme von waffenfähigem Plutonium macht. Indien musste zwar zusichern, dies nicht zu tun, unter Kontrolle der internationalen Atomaufsichtsbehörde IAEA stand dieser Reaktortyp jedoch nicht. Indien startete kurz darauf ein eigenes Programm zur Herstellung von Brennelementen, inklusive PUREX-Nachbehandlung zur Extraktion von Plutonium.

Es folgten zwei weitere Reaktortypen der CANDU-Reihe mit fortgeschrittenem Design, die in den 60er Jahren im Bundesstaat Rajasthan errichtet wurden, RAPP-1 und RAPP-2 (RAPP = Rajasthan Atomic Power Project). Sie gingen erst in den frühen 70er Jahren in Betrieb, immer noch mit der Hilfe der USA und Kanada. Nach Indiens erstem Kernwaffentest 1974 wurde dann diese Zusammenarbeit jäh beendet. Indien war eine eigenständige Atommacht geworden. Den Rohstoff Uran bezog man nun zunehmend aus der Sowjetunion, denn Indien selbst ist arm an Uranvorkommen. Dies war der Grund, warum man sich schon früh für eine effektivere Nutzung des

Urans und auch für Thorium interessierte, aus welchem sich über den Brutprozess spaltbares Uran herstellen lässt. Zunächst aber wurde eine landesweite Stromversorgung mit den uransparenden indischen CANDU-Reaktoren aufgebaut, allgemein PHWR genannt. Heute laufen dort 18 dieser Schwerwasserreaktoren in sechs Kraftwerken, während die vier Leichtwasserreaktoren (zwei vom russischen Typ WWER und zwei Siedewasserreaktoren) nur ein Drittel der nuklearen Stromversorgung von 6.800 Megawatt ausmachen. Im gleichen Verhältnis soll auch weitergebaut werden: vier PHWRs und zwei WWERs sind bereits in Betrieb gegangen, wodurch weitere 5.000 Megawatt Stromleistung zur Verfügung stehen.

Die schon erwähnte Furcht vor Brennstoffmangel und Ressourcenabhängigkeit hat Indien veranlasst, selbst einen natriumgekühlten Brutreaktor, also einen SFR, zu entwickeln. Im Jahr 1985 wurde der FBTR („Fast Breeder Test Reactor") mit zehn Megawatt thermischer Leistung kritisch, aber erst zwölf Jahre später wurde er mit dem öffentlichen Stromnetz verbunden. Je kleiner der Reaktor, desto höher muss die Konzentration an spaltbarem Material sein. So verwundert es nicht, dass der FBTR-Brennstoff zu 70 Prozent aus Plutonium besteht. Die Entwickler schreiben sich auf die Fahnen, derartigen Brennstoff weltweit erstmalig nach der Benutzung aufbereitet und damit den Brennstoffzyklus geschlossen zu haben. Die Leistung wurde in den Folgejahren verdoppelt. Vor allem aber wird der FBTR für Materialtests zur Vorbereitung des größeren PFBR genutzt. Der „Prototype Fast Breeder Reactor" PFBR ist mit 500 Megawatt elektrischer Leistung erheblich größer und kommt mit einem Anteil von 20 Prozent bis 30 Prozent spaltbarem Material aus. 2018 soll er in Betrieb gehen, womit Indien neben Russland das zweite Land wäre, das einen SFR-Leistungsreaktor betreibt.[55] Mit dem Nachfolger FBR schließlich lässt man das „P" fallen und verlässt das

[55] Vgl. The New Indian Express: First phase commissioning of new nuclear reactor at Kalpakkam soon, 12.5.2017. www.newindianexpress.com

Prototyp-Stadium. Die angestrebte elektrische Leistung dieses noch im Design befindlichen Reaktors ist zwar mit 600 Megawatt nicht viel größer, dafür sollen aber gleich zwei davon gebaut und als „Zwillingsanlage" betrieben werden. Alle Erfahrungen des PFBR, aber auch die gestiegenen Sicherheitsanforderungen nach der Fukushima-Havarie fließen hier ein. Mit der Inbetriebnahme ist acht Jahre nach der des PFBR zu rechnen.

Die Generation-IV-Konzepte LFR, VHTR und MSR wurden in Indien nie umgesetzt. Indien entwickelt aber durchaus originelle Kombinationen dieser Konzepte. Im „Compact High Temperature Reactor" CHTR wird erstmals ein Hochtemperaturreaktor vorgestellt, der mit einem Blei-Bismut-Eutektikum bei einer Betriebstemperatur von eintausend Grad Celsius gekühlt werden soll. Für den Bau gibt es allerdings noch kein Datum. Mit nur 0,1 Megawatt thermischer Leistung ist dieses Konzept noch nicht ganz ernst zu nehmen, aber eine 600-Megawatt-Anlage ist ebenfalls in Planung, diesmal mit Flüssigsalz als Kühlmittel (also kein wirklicher MSR). Dieser „Innovative High Temperature Reactor" (IHTR) soll dann neben Strom auch preiswert Wasserstoff für die Industrie produzieren können und nebenbei auch noch Wasser entsalzen.

Aber auch an einem „echten" MSR arbeitet Indien, dem „Indian Molten Salt Breeder Reactor" IMSBR.[56] Dieser wird nicht nur mit Flüssigsalz gekühlt, sondern auch gespeist. Zusätzlich zirkuliert ein zweites Salz um den Reaktorkern, in dem sich Brutmaterial befindet, daher das „Breeder". Das Konzept ähnelt damit dem kanadischen Two-Fluid-Konzept (s. Kap. 4.5). Auch hier laufen bereits Experimente. Der Bau eines Reaktors ist jedoch noch nicht geplant. Eine Versuchsanlage, die „Molten Salt Breeder Reactor Development Facility" MSBRDF ist im südindischen Visakhapatnam vorgesehen.[57] Auch

---

[56] Vgl. Prem K. Vijayan et al., Conceptual design of Indian molten salt breeder reactor, Pramana – Journal of Physics 85 (2015) 539, September 2015. http://dx.doi.org/10.1007/s12043-015-1070-0

[57] Vgl. Igor L. Pioro (Hrsg.), Handbook of Generation IV Nuclear Reactors, Amsterdam u.a. 2016.

bei Indiens Generation-IV-Programm zeigt sich also der Drang zur Autonomie und Ressourcenunabhängigkeit. Man setzt, wie auch bei den bisherigen Reaktoren, stark auf effektivere Brennstoffnutzung und auf Thorium, was Indien beflügelt hat, in Kürze einen echten SFR-Leistungsreaktor in Betrieb zu nehmen.

5.5 China

China war zwar früh in der Erprobung von Nuklearwaffen dabei, ist somit ein *Atomstaat*, gehört aber nicht zu den Pionierstaaten der Kerntechnik.[58] Erst 1991 ging der erste zivile Leistungsreaktor in Betrieb, der CNP-300 mit 300 Megawatt elektrischer Leistung, ein Druckwasserreaktor in chinesischer Eigenentwicklung. Heute laufen in China 38 Kernreaktoren mit einer Gesamtleistung von 32 Gigawatt, die 3,5 Prozent des Strombedarfs decken. 20 weitere (21 Gigawatt) sind im Bau, das ist ein Drittel der weltweit überhaupt in Bau befindlichen Reaktoren.[59] Im Jahr 2050 will man bis zu 500 Gigawatt nuklear erzeugen und damit die aktuelle Kapazität verfünfzehnfachen! Kein Land auf der Welt hat solch ambitionierte Pläne.

An der vierten Generation kommt demnach auch China nicht vorbei. Bereits 1970 startete eine natriumgekühlte Demonstrationsanlage ohne Leistung, aber es dauerte bis 2011, dass ein wirklicher SFR mit 20 elektrischen Megawatt, der CEFR („China Experimental Fast Reactor“), ans Netz ging.[60] Für den angedachten Nachfolger CDFR (D = „Demonstration“) mit 870 Megawatt ist der Bau aber noch ungewiss. Die Pläne mit der kommerziellen Variante CCFR (C = „Commercial“) gehen zwar noch weiter, aber, realistisch betrachtet, gibt es immer noch Aufholbedarf zu den „großen“ SFR-Entwicklern Russland, Indien und den USA. Für den VHTR, speziell die deutsche

---

[58] Vgl. ebd.

[59] Vgl. World Nuclear Association (WNA): Nuclear Power in China, August 2018. www.world-nuclear.org/information-library/country-profiles/countries-a-f/china-nuclear-power.aspx

[60] Zum chinesischen CEFR auf Nucleopedia: http://de.nucleopedia.org/wiki/China_Experimental_Fast_Reactor, 26.9.2018.

Variante des „High Temperature Gas-cooled Reactor“ HTGR (in Deutschland unter THTR bekannt), interessierte man sich ebenfalls bereits in den 70er Jahren. Als in Deutschland 1988 das Aus für den THTR-300 kam (s. Kap. 4.6 und 5.2), wanderten nicht nur die Fertigungsmaschinen, sondern auch die Baupläne an die Tsinghua Universität in China. Mit Hilfe der deutschen Entwickler wurden sie dort zum „HTR-10“ umgestaltet, einem 10-Megawatt-Reaktor (Wärmeleistung) ähnlich dem AVR in Jülich. Aber erst 1995 begann sein Bau, und es dauerte dann nochmals fünf Jahre, bis er endlich in Betrieb ging. Im Jahr 2003 wurde der HTR-10 erstmals mit der vollen Leistung betrieben. Diese Zusammenarbeit mit deutschen THTR-Entwicklern hält bis heute an. Es gilt nun, einen echten Leistungsreaktor, den HTR-PM („High-temperature reactor pebble-bed modular“) zu entwickeln,[61] der mit seiner elektrischen Leistung von gut 100 Megawatt dem ursprünglich in Deutschland betriebenen THTR-300 schon näher kommt. Er ist als „Doppelpack“ mit gut zweihundert Megawatt geplant. 2012 begann der Bau, Ende 2017 wurde er mit dem Einbau des zweiten Druckgefäßes praktisch fertiggestellt, und es wird erwartet, dass er 2018 in Betrieb geht.

China forscht auch an SCWR-, LFR- und MSR-Konzepten (s. Abb. 4.1), deckt also außer dem GFR das gesamte Spektrum der Generation IV zumindest akademisch ab. Gebaut wurden jedoch allenfalls kleinere Testanlagen. Einen laufenden Reaktor gibt es noch nicht. Für den SCWR gibt es zwei Konzepte, den SCWR-M (für „mixed“) als Hybrid eines thermischen und schnellen Reaktors, der die Vorteile von beiden zu kombinieren versucht, sowie die „normale“ Weiterentwicklung des Druckwasserreaktors CSR-1000 mit eintausend Megawatt thermischer Leistung. Die chinesische Umsetzung des LFRs, dort CLEAR („China Lead-Alloy-cooled Reactor“) genannt, ist nicht als eigenständiger Reaktor, sondern als Teil eines beschleuni-

[61] Vgl. World Nuclear News (WNN): Moderator loading starts at Chinese demonstration HTGR, 7.4.2017. www.world-nuclear-news.org/NN-Fuel-loading-starts-at-Chinese-demonstration-HTGR-0704175.html

gergetriebenen subkritischen Systems (ADS, s. Ende Kap. 5.2) gedacht. Noch in diesem Jahrzehnt soll zusätzlich ein blei-bismutgekühlter Forschungsreaktor mit zehn Megawatt thermischer Leistung gebaut werden, im folgenden Jahrzehnt ein zehnmal so großer, und in den 2030er Jahren schließlich ein (unterkritischer) LFR mit eintausend Megawatt. All dies sind jedoch nur Pläne.

Schließlich seien noch die chinesischen Flüssigsalzkonzepte MSR erwähnt, die allerdings auch nur „Papiertiger" sind. Ähnlich wie Indien versucht man sich hier in der Kombination verschiedener Eigenschaften. Offensichtlich geht man von der Nutzung von Thorium aus, weshalb nur der TMSR (T = „Thorium") entwickelt wird, und zwar in zwei Varianten: Als TMSR-SF (SF = „solid fuel") mit festen Brennelementen und Flüssigsalz lediglich als Kühlmittel und als TMSR-LF (LF = „liquid fuel"), bei dem das Flüssigsalz auch den Brennstoff trägt. Nur letzterer ist also ein „echter" Flüssigsalzreaktor, der eine Online-Aufbereitung und damit einen geschlossenen Brennstoffkreislauf zulässt. Der TMSR-SF hingegen benutzt die gleichen (kugelförmigen) Brennelemente wie der erwähnte HTR-PM und ist auch als Hochtemperaturreaktor geplant. Wegen der bereits vorhandenen Erfahrung mit dem HTR-PM erhofft man sich hier eine schnellere Umsetzung. Die Ähnlichkeit mit dem indischen IHTR (s. Kap. 5.4) ist nicht zu übersehen. Geplant ist eine 10-Megawatt-Version für 2020, der TMSR-LF soll später nachfolgen und die chinesischen Thoriumquellen nutzen.

Zusammengefasst hat China als aufstrebendes Industrieland in der zivilen Kerntechnik bisher nur wenige Eigenentwicklungen vorzuweisen, ist aber sichtbar bemüht, dies aufzuholen. Noch kein einziger Leistungsreaktor der Generation IV ist wirklich im regulären Betrieb. Der mit Hilfe der 1988 durch die Stilllegung des THTR-Projekts in Deutschland freigesetzten Fachkräfte errichtete HTR-PM-Zwilling steht aber kurz davor. Die kleinere Testversion HTR-10, sowie ein kleiner SFR laufen aber immerhin seit einiger Zeit.

5.6 Japan

Als Verliererland des Zweiten Weltkriegs war Japan, ähnlich wie Deutschland, zunächst mit dem Wiederaufbau beschäftigt. Es kam hinzu, dass man mit den Folgen der geschichtlich einmaligen Nuklearbombenabwürfe auf Menschen zu tun hatte. Vor dem Krieg gab es in Japan praktisch keine Nuklearforschung, so dass diese Kompetenz erst einmal aufgebaut werden musste. Es dauerte daher Jahrzehnte, bis Japan hier zu eigenständigen Entwicklungen in der Lage war. Trotzdem baute man zügig eine nukleare Stromversorgung auf, die anfänglich auf Importen von hauptsächlich britischen und amerikanischen Firmen beruhte. Das Verlangen nach Energieunabhängigkeit auf der rohstoffarmen Insel war offenbar größer als die negative Assoziation von Hiroshima und Nagasaki. Im Gegensatz zu China gab es in Japan eine freie Wirtschaft und Forschung.

Die japanische nukleare Stromversorgung startete 1966 mit der Inbetriebnahme eines britischen Reaktors vom Typ MAGNOX, des einzigen übrigens, der jemals außerhalb Großbritanniens gebaut wurde. Alle weiteren Reaktoren waren Druck- und Siedewasserreaktoren amerikanischer Firmen, deren Bau noch im selben Jahr begann und wovon die ersten Anfang der 70er Jahre in Betrieb gingen. Darunter war übrigens auch als Nummer 3 am 26. März 1971 der berühmt-berüchtigte Fukushima-Daiichi-Reaktor in Block 1. Zum Zeitpunkt des Erdbebens und des verheerenden Tsunami am 11. März 2011 lief er also fast schon 40 Jahre. Der kontinuierliche nukleare Ausbau Japans erreichte 2011 seinen Höhepunkt mit über 50 Reaktoren, die 30 Prozent des japanischen Strombedarfs deckten.[62] In Zusammenarbeit mit hauptsächlich amerikanischen Firmen wuchs die eigene Erfahrung, so dass Ende der 70er Jahre japanische Firmen wie Hitachi, Toshiba und Mitsubishi in der Lage waren, selbst Reaktoren zu bauen und sogar zu entwickeln. So wagte man sich

[62] Vgl. World Nuclear Association (WNA): Nuclear Power in Japan, August 2018. www.world-nuclear.org/information-library/country-profiles/countries-g-n/japan-nuclear-power.aspx

auch an einen natriumgekühlten Experimentierreaktor JOYO mit einer thermischen Leistung von 75 Megawatt, der 1978 in Betrieb ging. 2003 wurde er sogar auf eine Leistung von 140 Megawatt erweitert und läuft in dieser Form heute noch. Mit der Erfahrung von JOYO begann man 1984 den Bau von MONJU, einem SFR-Versuchsreaktor mit 280 Megawatt elektrischer Leistung, benannt nach der buddhistischen Figur Manjushri zur Überwindung der Unwissenheit und Erlangung von Weisheit. Bis man mit MONJU freilich Wissen erlangte, gingen noch zehn Jahre ins Land, denn erst 1994 wurde dieser Reaktor kritisch.[63] Und selbst dann konnte man nicht von Weisheit reden, da nur anderthalb Jahre später ein Natriumbrand einen Stillstand für fast 15 Jahre verursachte. Im März 2010 ging er nach mehreren Gerichtsprozessen wieder in Betrieb, um nach wenigen Monaten wieder abgeschaltet zu werden, als ein tonnenschweres Gerät zur Brennstoffbefüllung auf das Reaktorgefäß fiel. Bis heute ist seine Wiederinbetriebnahme ungewiss.

Seitdem versucht sich Japan an einem neuen Design, dem „Japanese Sodium-cooled Fast Reactor“ (JSFR).[64] Dieser ist mittelfristig auf 750 Megawatt, langfristig auf 1.500 Megawatt elektrischer Leistung ausgelegt und soll ähnlich den indischen, russischen und amerikanischen Plänen ein kommerzieller Leistungsreaktor mit geschlossenem Brennstoffkreislauf werden. Durch die nach Fukushima überarbeiteten Sicherheitsregeln ist auch dieses Projekt weit hinter dem Zeitplan zurück. Ein Baubeginn ist noch nicht festgelegt. Erwähnenswert ist noch das Forschungszentrum J-PARC, an dem eine „Transmuation Experimental Facility“ (TEF) aufbaut wird.[65] Ähnlich

---

[63] Zum japanischen Monju-Reaktor auf Nucleopedia: http://de.nucleopedia.org/wiki/Kernkraftwerk_Monju, 26.9.2018.

[64] Vgl. Ohki, Shigeo: Conceptual core design study for Japan sodium-cooled fast reactor: review of sodium void reactivity worth evaluation, Advanced Nuclear System Research & Development Directorate, Japan Atomic Energy Agency (JAEA), Technical Meeting on Innovative Fast Reactor Designs with Enhanced Negative Reactivity Feedback Features, IAEA TWG-FR, Vienna, 27.-29.2.2012 (Vortrag).

[65] Vgl. Webseite von J-PARC: https://j-parc.jp/Transmutation/en/index.html

den chinesischen und belgischen Plänen soll hier ein unterkritisches System (ADS) mit bleigekühltem Reaktor entwickelt werden (s. Kap. 5.2). An anderen Generation-IV-Konzepten arbeitet Japan gemäß öffentlich erreichbaren Informationen nicht.

5.7 Korea

Eine Geschichte der zivilen Nutzung der Kernenergie in *Nord*korea gibt es nicht. 1963 stellten die Sowjets dort einen 8-Megawatt-Testreaktor auf, aber das Land war kaum selbständig in der Lage, ihn zu betreiben. Seit dem Ende der Sowjetunion gibt es keine Brennstofflieferungen mehr, und der Reaktor wird nur noch sporadisch angeworfen. Um das Jahr 2000 startete der Bau eines kommerziellen Leichtwasserreaktors südkoreanischer Bauart, aber dieses Projekt wurde nach wenigen Jahren wieder eingestellt. 2009 erklärte Nordkorea schließlich das Ende seines zivilen Nuklearprogramms.

Ganz anders sieht es in *Süd*korea aus, wo heute 24 Reaktoren 22 Prozent des Strombedarfs decken.[66] Von einem Forschungsreaktor abgesehen, stieg man relativ spät ein, denn erst 1978 ging der erste kommerzielle Reaktor ans Netz – ein Druckwasserreaktor der US-Firma Westinghouse. Ähnlich wie Indien schätzt man in Südkorea Importunabhängigkeit und setzte daher schon beim zweiten Reaktor auf den kanadischen Schwerwasserreaktor CANDU, der notfalls auch mit Natururan auskommt. Es folgten 20 weitere Druckwasser- und drei weitere CANDU-Reaktoren, und der Ausbau geht weiter: 2035 will man 29 Prozent des Strombedarfs nuklear decken. Mit diesem Ausbau wuchs die Erfahrung, eigene Reaktoren zu produzieren und sogar neue zu entwickeln, die inzwischen überdies exportiert werden. An Generation-IV-Reaktoren wurde dagegen in Korea noch nichts gebaut. Es gibt nur Forschung und Entwicklung an vielen

[66] Vgl. World Nuclear Association (WNA): Nuclear Power in South Korea, Dezember 2017. www.world-nuclear.org/information-library/country-profiles/countries-o-s/south-korea.aspx

Konzepten: Dem SFR, dem VHTR, dem LFR und dem MSR. Die Generation IV steht somit klar auf der südkoreanischen Agenda. Da es sich dabei bisher um Papierkonzepte handelt, seien sie nachfolgend nur kurz erläutert.

Auch in Südkorea steht der SFR an erster Stelle, und zwar in der Entwurfsphase als „Prototype Generation IV Sodium-cooled Fast Reactor“ (PGSFR).[67] Hierzu laufen bereits Testanlagen wie Natriumkreisläufe und Einrichtungen zur Untersuchungen der Thermohydraulik. Mit einer offiziellen Genehmigung des PGSFR-Designs wird 2020 gerechnet, 2028 soll die erste Anlage stehen. Auf dem Weg dorthin sollen zwei „Zwischendesigns“ geprüft werden, genannt „Korea Advanced LIquid MEtal Reactor“, KALIMER, mit 150 Megawatt elektrisch (KALIMER-150) und 600 Megawatt (KALIMER-600). Parallel dazu läuft die Forschung und Entwicklung von pyrochemischen Aufbereitungsanlagen. Seit 2006 existiert ferner ein Projekt zum Bau eines VHTR, mit dessen Bau allerdings erst 2030 gerechnet wird. Es handelt sich um die eher konservative Variante mit Brennelementen, die mit den hitzebeständigen TRISO-Kugeln gefüllt sind, sowie einer Heliumkühlung. Die momentane Forschung und Entwicklung dreht sich um Tests zur Auswahl der Strukturmaterialien sowie Nutzung der Hochtemperaturwärme für chemische Prozesse, insbesondere die Wasserstoffproduktion.

Was den LFR und MSR angeht, beschränkt man sich auf Computersimulationen, Korrosionstests und Langzeitexperimente, bei denen man Blei, Blei-Bismut und Flüssigsalz mit Strukturmaterialien in Kontakt bringt.[68] Vom Bau eines Versuchsreaktors ist man noch weit entfernt. Wie schon in Japan und China scheint auch für Korea der LFR nur in Kombination mit einem ADS-System sinnvoll zu sein (s. Kap. 5.2 und Kap. 5.5). Korea ist also in der Generation-IV-Ent-

---

[67] Vgl. American Nuclear Society (ANS): PGSFR. An Advanced Fuel Cycle and Power Solution for Korea, 7.7.2016. http://ansnuclearcafe.org/2016/07/07/pgsfr-an-advanced-fuel-cycle-and-power-solution-for-korea

[68] Vgl. Pioro (Hrsg.), Handbook, Amsterdam u.a. 2016.

wicklung eher eine untergeordnete Nation, wenn auch bemüht in internationalen Kooperationen Beiträge zu leisten. Mit dem Willen, den Rückstand aufzuholen kann sich die Situation aber schon in wenigen Jahren ändern.

6] Fazit

Heute knapp acht Milliarden Menschen, werden wir in wenigen Jahrzehnten auf zehn Milliarden angewachsen sein. Dennoch steigt weltweit die mittlere Lebenserwartung an, und der Hunger nimmt ab. Die zunehmende Versorgung mit jederzeit verfügbarer und preiswerter Energie, heute noch vorwiegend aus Kohle, Erdöl und Gas, ist die Basis dieser Entwicklung. Insbesondere eine immer wirksamere Technik sorgte für bessere Ernährung, medizinische Versorgung und zivilisatorischen Fortschritt der Menschheit. Die Herausforderung, einer zunehmenden Anzahl von Menschen auf der Erde ein Leben in Wohlstand auf hohem zivilisatorischem Niveau zu ermöglichen, macht modernste Technik immer unverzichtbarer.

Fossile Brennstoffe können zwar über die weiteren Jahrhunderte keine Lösung der weltweiten Energieversorgung sein, die sogenannten *Erneuerbaren* Wind und Sonne aber auch nicht. Die uns von Sonne und Wind gelieferte Energie ist zu „dünn", oder technisch ausgedrückt, ihre von der Natur vorgegebene Leistungsdichte ist viel zu klein. Wenn man „dünne" Energie einsammeln will, benötigt man riesige, mit Technik zugebaute Flächen, die man der Natur entzieht und in naturschädigende Industrielandschaften verwandelt. Über 27.000 überdimensionale Windturbinen der deutschen Energiewende im Jahr 2017, die dennoch aktuell nur grob zwei Prozent der verbrauchten Primärenergie erzeugen, belegen augenfällig diesen naturschädlichen und kostenträchtigen Fundamentalmangel aller *Erneuerbaren*. Darüber hinaus ist die Wetterabhängigkeit von Wind- und Sonnenstrom mit einer stetigen Stromversorgung unvereinbar.

Die im Buch beschriebenen neuen Typen von Kernkraftwerken der Generation IV sind aus heutiger Sicht die einzig wirklich nachhaltige und umweltschonende Lösung des kommenden Energieversorgungsproblems. Sie sind der Weg in die Energiezukunft. Entsprechende Typen der Generation IV können alle Forderungen erfüllen, die man überhaupt an eine nachhaltige, sichere und naturschonende Methode der elektrischen Stromerzeugung stellen kann. Man kann sie inhärent sicher bauen, sie sind optimal umweltschonend und sie verursachen kaum noch radioaktiven Abfall, weil sie durch ihre integrierte Aufbereitung in der Lage sind, 100 Prozent des Natururans und Thoriums zu nutzen. Die Kernbrennstoffe Thorium aus der Erde und Uran aus dem Meer haben zusammen eine Reichweite von vielen Millionen Jahren. Mit Kernkraftwerken der Generation IV verfügt man damit über eine *erneuerbare* Energiequelle. In Deutschland will man von ihnen aber nichts wissen.

Die zivile Nutzung der Kernenergie wird hierzulande seit Jahren mit einer weltweit beispiellosen Desinformationskampagne überzogen, deren Basis moralisch-ideologische Forderungen sind. Als Folge davon wird aktuell gesetzlich die Kernenergie in Deutschland durch die Entscheidung einer Ethikkommission abgewickelt, der kein einziger Energieexperte, aber eine Reihe von Kirchenvertretern angehörte. Eine für die Zukunft unseres Landes weitreichende Entscheidung fiel somit wie im dunkelsten Mittelalter. Verantwortlich für diese Verirrung ist grüne Ideologie, deren Ziele eher in gesellschaftlichen Umformungen als in echtem Naturschutz liegen. Diese Ideologie fiel insbesondere in hochentwickelten Industrienationen auf fruchtbaren Boden, weil nur noch ältere Bürger Not und Versorgungsmangel im eigenen Land kannten. Technik, hier insbesondere die überlebenswichtige Technik der Stromerzeugung, wurde inzwischen als etwas Selbstverständliches abgetan.

Infolge dieser Fehleinschätzung wurde die in einer sicheren Stromwirtschaft steckende Komplexität komplett ignoriert und die Stromversorgung ideologisch geprägter Politik überantwortet. Das Ergebnis war die Energiewende. Insbesondere in den Medien wurden neutrale Fachleute überhaupt nicht mehr angehört.

Da die Öko-Ideologie inzwischen sogar fast jede moderne Technik als grundlegend schlecht und der Natur widersprechend ansieht, akzeptieren ihre Vertreter auch keine naturwissenschaftlichen Fakten oder Argumente von Fachleuten mehr. Blinder Glaube ist an Stelle von Vernunft und Sachverstand getreten. Das Ergebnis ist nicht nur an den Verwerfungen der deutschen Energiewende und deren unabwendbaren Scheitern abzulesen. Inzwischen stehen hierzulande nicht nur die klassischen Grundlastkraftwerke, sondern auch genveränderte Nahrungspflanzen und sogar der Verbrennungsmotor zur Disposition.

Die restliche Welt hat für diese Entwicklung Deutschlands nur noch Kopfschütteln übrig und unternimmt lieber beachtliche Anstrengungen, die neue Generation IV von Kernkraftwerken voranzubringen. Stellt man das Problem „Atommüll" in den richtigen Kontext des allgemeinen Gefährdungspotentials von Radioaktivität, von der wir andauernd und überall auf natürliche Weise umgeben sind, so zeigt sich, dass sich die öffentliche Wahrnehmung hierzulande von der Realität bereits um Lichtjahre entfernt hat. Die Konzepte der Generation IV sind alle nicht neu und in ihrem Entwicklungsstand nicht mit dem der Kernfusion zu vergleichen, bei der man immer noch im frühen Forschungsstadium steckt. Denn fast alle Typen der Generation IV liefen bereits als stromerzeugende Testanlagen. Die große Übermacht der ursprünglich staatlich geförderten wassermoderierten Reaktoren, aber auch die Verfügbarkeit neuer fossiler Quellen wie Schiefergas sowie Öl-Exploration in vorher nicht gekannten Meerestiefen, hat ihre Kommerzialisierung jedoch extrem verlangsamt. Seit einigen Jahren nimmt die Entwicklungsaktivität erkennbar wieder zu, nicht nur in Nordamerika, sondern auch in Russland, China, Europa und Indien. Es ist damit zu rechnen, dass die Umsetzung der Generation IV in den nächsten Jahren ordentlich an Fahrt gewinnt. Als erstes hat man jetzt in Russland begonnen, sie in Pilotanlagen für den kommerziellen Einsatz vorzubereiten.

Deutschland sollte als eine der größten Industrienationen der Welt den rückwärtsgewandten Weg des Technikpessimismus dringlichst verlassen, wieder optimistisch nach vorne schauen und die Früchte ernten, die uns moderne Technik bietet. Es ist Realitätsverweigerung, wenn sogar die Erforschung der zukünftigen Generation-IV-Reaktoren abgelehnt wird und regierungsoffizielle Verlautbarungen vorgeben, die zivile Nutzung der Kernenergie überhaupt nicht mehr zu kennen. Optimismus, mutiges Nutzen der verfügbaren Technik unter sorgfältiger Beachtung von Naturschutz und Sicherheit müssen wieder Vorrang haben. Eine neue Generation von aufgeklärten deutschen Bürgern, Ingenieuren und Forschern wird in verstärkter internationaler Verflechtung und Zusammenarbeit die momentane, völlig aus dem Ruder gelaufene Öko-Ideologie Deutschlands und das trotzige Abkoppeln von der restlichen Welt aufgeben. Pessimismus und Abkoppelung haben sich, wie die Geschichte lehrt, noch nie als vorteilhaft erwiesen.